# 実践
# Pythonによるデータベース入門

## MySQL, MongoDB, CouchDBの基本操作から
## アプリプログラミングまで

博士（工学）　藤 野　　巖【著】

コロナ社

**【本書ご利用にあたって】**

本書で解説している内容を実行・利用したことによる直接あるいは間接的な損害に対して，著作者およびコロナ社は一切の責任を負いかねます。利用はすべて利用者個人の責任において行ってください。

本書に掲載されているソフトウェアおよび Web ページ URL に関する情報は，本書執筆時点のものです。将来にわたって保証されるものではありません。特に，各社が提供しているデータベースソフトウェアは仕様やサービス提供に係る変更が頻繁にあり，Python のライブラリ群等も頻繁にバージョンアップがなされています。これらによっては本書で解説しているアプリケーション等が正常に動作しなくなることもあるので，あらかじめご了承ください。

本書の発行にあたって，読者の皆様に問題なく実践していただけるよう，できる限りの検証をしていますが，以下の環境以外では構築・動作を確認していないので，あらかじめご了承ください。

PC 本体：Windows10 Home 64 bit（CPU：Intel Core i7-7500U，メモリ：8 GB）

開発環境：MySQL 8.0.20，MongoDB 4.2.3，CouchDB 2.3.1，Anaconda バージョン 2019.03（Python 3.7 バージョン）

また，上記環境を整えたいかなる状況においても動作が保証されるものではありません。ネットワークやメモリの使用状況および同一 PC 上にあるほかのソフトウェアの動作状況によって，本書のプログラムが動作できなくなることがあります。併せてご了承ください。

なお，本書に記載している会社名，製品名は，それぞれ各社の商標または登録商標です。

本書の購入者に対する限定サービスとして，本書に掲載している SQL 命令文，Python のソースコードと必要なデータファイルは，以下に示すコロナ社の Web ページからダウンロードできます。ぜひご利用ください。

https://www.coronasha.co.jp/np/isbn/9784339029123/

なお，本書に掲載しているソースコードについては，オープンソースソフトウェアの BSD ライセンス下で再利用も再配布も自由です。

# ま　え　が　き

一昔前はデータベースと言えば，関係データベースおよびその操作言語 SQL のことであった。関係データベースが作られたのは，メモリやハードディスクなどハードウェアリソースが貧困な時代であった。そのため，いかにして利用者の大きなデータ表を小さな基本表に分解して，それを原材料として保存するかが，技術者の腕の見せどころだった。しかし，近年，ハードウェアリソースおよびインターネットの発展によって，Web を経由してサービスを提供する時代となり，いかにして大量の利用者にすばやく情報を提供するかということが至上命題となった。その結果として，NoSQL と呼ばれる SQL 以外のデータベース技術の大きな進展が成し遂げられたのである。

SQL と NoSQL の関係を理解するために，レストランを例にして考えてみよう。従来のレストランは，注文料理方式だった。つまり，厨房に食材と調味料と調理器具が用意してあり，お客さんの注文を受けてから，シェフが自ら料理を作って提供する方式である。料理が期待できる半面，ときにはお客さんを待たせることもある。しかし，いまはファミレス方式である。大量のお客さんにすばやく料理を提供するために，あらかじめ用意した半既製品を簡単な調理器具で短時間に調理して提供するのである。古い方式は新しい方式に取って代えられると思うかもしれないが，現実には，そうならなかったのである。注文料理の好きなお客さんもいれば，ファミレスの好きなお客さんもいる。また，日によっては注文料理を選んだり，ファミレスを選んだりするお客さんもいる。

データベースの世界に戻って言うと，古いものは関係データベースであり，新しいものは NoSQL データベースである。現実的には，いまは関係データベースと NoSQL データベースと併存の時代である。処理対象となるデータの特徴と利用者側の需要に応じて，関係データベースで対処することもあれば，

NoSQL データベースで対処することもある。そのため，現場で活躍する技術者には，従来の関係データベースと新しい NoSQL データベースの両方のスキルが要求される。

本書は，このような背景を踏まえて，いまの時代に必要とされる関係データベースと NoSQL データベースの両方を勉強できるように執筆したものである。書名に示してあるように，本書では，関係データベースについては MySQL を，NoSQL データベースについては，近年特に広く使われている MongoDB と CouchDB を取り上げている。

本書は，読者の皆様が勉強しやすいように，全体の構成，解説の順序および例題に用いる材料について細心の注意を払いながら書き上げたものである。3 種類のデータベースともに，基本理論を説明し，基本命令による各種操作を行った後に，Python によるアプリケーションの実現に帰着するように構成されている。基本理論は必要最小限にとどめ，実際のデータベースの操作命令および Python によるデータベースプログラミングについて多くの紙面を割いて詳しくわかりやすく解説している。また，本書の 1 冊だけで，初歩的なレベルから始まって，実務に役立つレベルに到達できるように，必要なソフトウェアの環境構築から，請求書データベースの設計，フライトデータ解析，Twitter ストリーミングデータの収集と解析まで，幅の広い応用事例を示している。

本書は，前半（1～7 章）の関係データベース部分と後半（8～11 章）の NoSQL データベース部分の二つの部分から構成されている。各章の内容を，以下に簡単に紹介する。

1 章：関係データベースの基本理論，基本事項を説明する。

2，3，4 章：SQL の各種操作と基本演算について解説する。

5 章：Python から SQL データベースの利用法と利用例を示す。

6，7 章：関係データベースの設計理論を説明する。その上で，設計例および Python による設計例の実現を示す。

8，9 章：ドキュメントデータベースの MongoDB の基本操作を説明する。また，Python から MongoDB の利用法と利用例を示す。

10，11 章：ドキュメントデータベースの CouchDB の基本操作を説明する。

　また，Python から CouchDB の利用法と利用例を示す。

また，付録部分では，本書で使われるデータベースソフトウェア MySQL, MongoDB と CouchDB，および必要な Python ライブラリの導入を説明する。ただし，本書で使われる Python 自体の開発環境の構築については，拙著『Python によるデータマイニングと機械学習』（オーム社発行）の第 1 章を参照されたい。

読者の皆様におかれましては，本書を読むことで，データベースの開発，利用スキルが向上し，実務の場で役立てて頂ければ幸いである。最後に，本書を出版する機会を与えてくださった，コロナ社の皆さんに衷心より感謝申し上げる。

2020 年 6 月

藤野　巖

# 目　　　次

## 1. データベース



## 2. SQL ― 手始め ―



## 3. SQL ― 基本的な問い合わせ ―

## 4. SQL ── 結合演算を用いた問い合わせ ──



## 5. Python による MySQL プログラム



## 6. データベース設計の基本

## 7. データベース設計の応用例



## 8. MongoDB の基本



## 9. Python から MongoDB を利用する



## 10. CouchDB の基本

## 11. Python から CouchDB を利用する



## 付　　　録

# 1
# データベース

この章では，まず，データベースとはなにか，なぜデータベースが必要とされているかについて整理する。その上で，関係データベースとはなにか，関係データベースを利用するための必要最小限の基本理論，基本概念について解説し，関係データベースに使われる問い合わせ言語 SQL のおもな機能をまとめておく。最後に NoSQL データベースについても概略的に紹介する。

## 1.1 データと情報とデータベース

〔**1**〕 **データ**　まずは,「データとはなにか」から考えよう。現実世界において，人々は日々多くの活動を行っている。天気を観測するなら，日時，地点，天気，温度，湿度，風速などを記録し続ければデータとなる。個人の活動について，7 時：起床，朝食，身支度。8 時：通勤。9 時：朝礼，営業会議のように書いたスケジュール帳も，1 冊書き終わったらデータとなる。車の部品の設計なら，部品の図面および材料，製造手順などもデータとなる。近年，インスタグラムに旅先の写真，毎日のお弁当の写真をアップする人もたくさんいるようだが，これらの写真および付随したユーザー名，ハッシュタグ，撮影地などもデータである。

ここまでの事例の共通点をまとめて，抽象化してみれば，データとはなにかという答えが浮かび上がるのではないだろうか。一言で言えば，**データ**（data）とは現実社会の記録である。ただし，一つの記録（一つの数値，1 行の文字列）ではなく，複数の記録の集合である。ちなみに，日本語のデータは英語の data に由来している。この data は datum という単語の複数形である。つまり，データという言葉は複数の中身があることを意味する。

それから，もう少し「記録」という言葉に注目してほしい。記録とは現実（現象，行動，物）を書き残したものである。もちろん，現実そのもの（前述の例の車の部品やお弁当）を残すのではなく，それを文書，図形，写真に変換した形で紙やディジタルメディアに書き残すのである。さらに，記録対象となる現実がすでに過去のものという点も注意してほしい。データは，将来なにかの役に立つために過去の現実を記録したものである。

データは現実世界の記録というが，必ずしも現実にくっついて動くというわけではない。預金通帳は，お金の出し入れの記録である。ATM で現金の出し入れをするならば，データは現実に付随して生まれるが，現代社会では，給与の振込みもクレジットカード利用の引落しも預金通帳上の 1 行の記録にしか過ぎず，現金の移動は実際に行われないのである。まるでデータが現実世界から独立して一人歩きしているように見えてくる。

**〔2〕 情　報**　　情報という言葉はデータと混同しやすい。ここでは，**情報**（information）とデータとの違いについても少し触れよう。情報とは，データを処理，加工することによって得られたもので，将来の行動における意思決定に影響するものである。前述の天気の記録の例で言うと，過去の天気をたくさん記録したものはデータである。これらのデータを分析，処理することによって得られた天気予報（明日，これから一週間の未来の天気）は情報である。人々は天気予報を見て，傘を持つか，あるいは厚着するかを判断するのである。

もう一例として，家計簿について考えよう。家計簿には食費，被服費，水道光熱費，交通費，通信費など項目ごとに日付別に数字を書き記している。もちろん，これらの数字はデータである。しかし，家計簿のデータを集計して，例えば「今月は赤字です」という結論になったとき，この「今月は赤字です」は情報である。この情報は，「もう少し家計支出を抑えるべき」という判断につながる。また，先月，先々月の電気代のデータと比べて，今月の電気代の数字が大きい場合は，「電気代が上がっている」という情報が得られる。この情報から「電気料金の値上がりではないかを調べる」，あるいは「子供部屋のエアコンが付けっぱなしではないかを確認する」行動につながるのである。

〔**3**〕 **データベース**　昔は，データは紙に記録されていた。預金通帳，家計簿は紙の冊子となっている。1960年代以降，コンピュータの発展に伴い，より正確に，永久に大量のデータを保存でき，かつ簡単にデータを利用できるようにするために，コンピュータに保存するようになった。そうすると，銀行の口座情報，年金記録，住民基本台帳，取引記録，フライト管理，図書管理など膨大なデータが保存されるようになり，しかもその量は年々増加するようになった。そしてこのデータの量が膨大になったということが，新たな問題を引き起こしてしまったのである。

物を保管する場所は倉庫である。問題のイメージを理解するために，倉庫のことについて少し考えよう。大きな建物があれば，さまざまな物を入れて保管することができる。しかし，利用者が直接中に入って，乱雑に物を置いたら，保管できる物の数は少なくなり，あとで見つかりにくくなる（**図1.1**）。

**図1.1**　物が乱雑に置かれている倉庫

そこで，保管棚を用意してその上に物を置くことにする。それだけではなく，保管棚の一つひとつの区切りに番号を振って，どの番号の場所になにが保管されているかの管理リストを作成する。さらに，管理スタッフを配置し，この管理リストを利用して，利用者のために物の出し入れを行う。そうすることによって，倉庫の保管効率が良くなり，利用者も使いやすくなる（**図1.2**）。

物を保管する倉庫の話と同じく，データを保管する倉庫はデータベースであ

**図 1.2**　保管棚が導入され，管理スタッフも配置されている倉庫

る。きちんととした言い方をすると，倉庫の全体に対応する言葉は，**データベースシステム**（database system）と言う。または，データをサービスとして提供する意味で**データベースサーバー**（database server）と言う。倉庫にある物を保管する場所に対応する言葉は，**データベース**（database）と言う。または，特に区別したいとき，**データベース本体**と言う。さらに倉庫の管理リストと管理者の部分に対応する言葉は，**データベース管理システム**（DBMS：database manegement system）と言う。つまり，データベース（本体）とデータベース管理システムを合わせてデータベースシステムあるいはデータベースサーバーとなる。ただし，実用場面において，データベースという用語はさまざまな意味で使われている。これら用語が厳密に区別されることがなく，すべてデータベースと呼ばれることが多い。

ここまでの話をまとめると，データベースとは，特定の目的で集められたデータを整理された状態で保管されたデータ集合である。また，データベース管理システムとは，データベースを管理するソフトウェアである。この管理ソフトウェアによって，複数のユーザーに対して，簡単でかつ高速にデータの検索と更新などの機能を提供する。

最後に，また情報の話に戻るが，大量のデータを効率良くデータベースに保管することで，皆が利用できるようになる。そして，皆がデータを活用して，将来の世の中に役立つ情報を作り出すのである。つまり，データベースはデータと情報の中間にある架け橋である。

## 1.2 データモデルと関係データモデル

〔1〕 **データモデル**　前節では，データベースのことを，「特定の目的で集められたデータを整理された状態で保管されたデータ集合である」としたが，この「整理された状態」についてもう少し掘り下げよう。

日常生活において，なにか整理するときに，目的や対象に関する知識を踏まえて，整理のための基準を作ったりする。図書館で本を整理するときに，本を分野，テーマにしたがって分類する。キッチン用品を整理するときに，料理を作るときの使用頻度に基づいて置く場所を決める。など，データを整理するときに，なにを基準とするかは大変重要な問題である。

**データモデル**とは，現実世界をどのようにしてデータに反映し，そしてどんな形で整理してデータベースに記述することかを定めた枠組みである。データベースの設計段階では，概念モデル→論理モデルの順に現実世界をデータベースの枠組みに落とし入れる。概念モデルでは，現実世界をどのようにデータとして捉えるかを定義し，そして，論理モデルでは，データをどんな形で整理してデータベース保管するかを定義する。これまでに，数多くのデータモデルが提案されたが，その中の代表的なものを**表 1.1** に示す。

本書の前半は，関係データベースに関するものであるから，ここでは，その元となる関係データモデルの基本理論について簡単にまとめて示す。

〔2〕 **関係データモデル**　**関係データモデル**（relational data model）は，データの間の関係を基準としてデータの整理を行う考え方に基づいて提案されたモデルである。これからの議論のために，まずは関係という言葉について，少し正確に述べておく必要がある。

関係データモデルは，E. F. Codd によって 1970 年に提案されたものであ

**表 1.1**　代表的なデータモデル

| | |
|---|---|
| **概念モデル** | ・実体関連モデル（ER モデル）<br>・GIS データモデル |
| **論理モデル** | ・階層型データモデル<br>・ネットワーク型データモデル<br>・関係データモデル（リレーショナルデータモデル）<br>・オブジェクト指向データモデル<br>・ドキュメント指向データモデル<br>・カラム指向データモデル<br>・キーバリューデータモデル<br>・グラフデータモデル |

る[†1]。関係データモデルでいう関係は，数学の集合論に由来する。集合論では，集合 A と集合 B が与えられたとき，**関係** R（A, B）は，集合 A と集合 B との直積《ちょくせき》集合 A×B の部分集合と定義される。**直積集合**とは，集合 A と集合 B の要素の間のすべての組合せである。**部分集合**とは，全要素の中の一部を意味する。つまり，直積集合 A×B の一部のみ関係 R の演算結果となる。

この定義について以下のように理解することができる。集合 A と集合 B の要素のすべての組合せはいわゆる特別ではない，プレーンな状態である。しかし，その一部分が演算結果 R となるならば，集合 A と集合 B の間に特別な関係が存在すると考えられる。つまり，R は集合 A と集合 B の間の関係を表している。そのため，R のことが「関係」と呼ばれるようになった。

しかし，関係のデータモデルにおいては，集合の間の関係ではなく，**属性**（attribute）の間の関係を表す。また，二つの属性の間に限られることなく，二つ以上の属性の間に関係を定義することもできる。先ほどの集合を用いた定義を少し書き直して，より一般的な定義を以下に示す。

関係 R（$A_1,A_2,\cdots,A_n$）は，各属性 $A_i$（$i=1,2,\cdots,n$）の定義域[†2] $D_i$（$i=1,2,\cdots,n$）に関する直積集合 $D_1 \times D_2 \times \cdots \times D_n$ の部分集合である。この場合は，R は関係名，$A_i$（$i=1,2,\cdots,n$）は属性名となる。

†1　E. F. Codd：A Relational Model of Data for Large Shared Data Banks, Communication of ACM, **13**(6), pp.377–387（June, 1970）
†2　定義域：属性の取りうる値の集合。

関係データモデルでは，表の形式でデータを記録する。表の名前は関係名 R に相当する。表の項目名は属性名に相当する。ただし，以下の点において，日常に使われる表との違いがあるので，特に注意してほしい。

・同じ値を持つ行が存在しない。

・行または列の順番に意味がない。

日常に使われる表と区別するために，データベースの分野では，基本的に表のことを**テーブル**（table，表）と呼ぶ。表の列に相当するものを属性と呼ぶ。また，表の行に相当するものは**タプル**（tuple）と呼ぶ。**表 1.2** に日常に使われる表と関係データモデルにおける呼び方の対応関係を示す。

**表 1.2** 表と関係データモデルの構成要素の対応

| 表における呼び方 | 関係データモデルにおける呼び方 |
|---|---|
| 表 | 関係，リレーション，テーブル |
| 行 | タプル，レコード |
| 列，項目 | 属性，フィールド |

しかし，実用的な説明場面においては，これらの用語が厳密に区別されることがなく，表としての呼び方と関係データモデルとしての呼び方の両方が使われている。**図 1.3** では，都道府県テーブルを具体例として用い，関係データモデルの構成要素の呼び方を示す。

〔**3**〕 **実体関連モデル** 関係データモデルでは，一つの関係（表，テーブル）について規範を示してあるが，複数の関係がある場合は，どのようにして，それぞれの関係をまとめて，全体として機能するデータベースを構築するか，これは上位の概念モデルの問題である。

概念レベルのデータモデルとして，1976 年 Peter Chen によって提案された**実体関連モデル**[†1]（**ER モデル**，entity relationship model）が有名である。実体関連モデルでは，現実世界に存在する個々の物，人，組織などを**実体**[†2]と

---

†1 Peter Chen：The Entity Relationship Model−Toward a unified View of Data, ACM Transactions on Database Systems, **1**(1)（1976）

†2 実体型と呼ばれることもある。

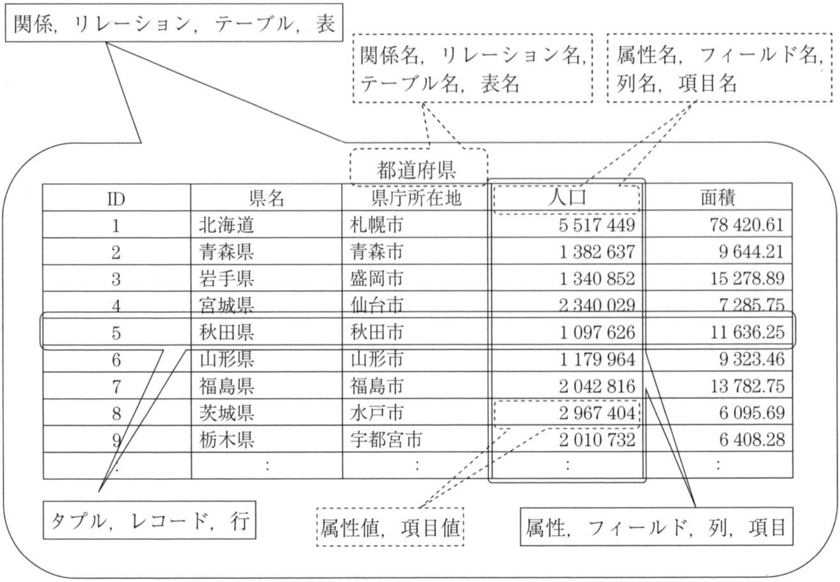


| ID | 県名 | 県庁所在地 | 人口 | 面積 |
|---|---|---|---|---|
| 1 | 北海道 | 札幌市 | 5 517 449 | 78 420.61 |
| 2 | 青森県 | 青森市 | 1 382 637 | 9 644.21 |
| 3 | 岩手県 | 盛岡市 | 1 340 852 | 15 278.89 |
| 4 | 宮城県 | 仙台市 | 2 340 029 | 7 285.75 |
| 5 | 秋田県 | 秋田市 | 1 097 626 | 11 636.25 |
| 6 | 山形県 | 山形市 | 1 179 964 | 9 323.46 |
| 7 | 福島県 | 福島市 | 2 042 816 | 13 782.75 |
| 8 | 茨城県 | 水戸市 | 2 967 404 | 6 095.69 |
| 9 | 栃木県 | 宇都宮市 | 2 010 732 | 6 408.28 |
| : | : | : | : | : |

**図 1.3**　関係データモデルの構成要素の呼び方

して，実体と実体の間の関係を**関連**[†]として表現する。

例えば，現実世界では，山田，鈴木と佐藤は学生であるとしよう。実体関連モデルでは，「学生」が山田，鈴木と佐藤の共通属性で，実体と表現する。また，山田，鈴木と佐藤は学生という実体の**インスタンス**（instance，事例）となる。

例えば，現実世界では，プログラミング，線形代数と通信工学は大学の科目であるとしよう。実体関連モデルでは，「科目」がプログラミング，線形代数と通信工学の共通属性で，実体と表現する。また，プログラミング，線形代数と通信工学は科目という実体のインスタンスとなる。

例えば，現実世界では，山田がプログラミングを受講する，鈴木が線形代数を受講する，佐藤が通信工学を受講するとしよう。この場合，実体関連モデルでは，これらの事例を「学生が科目を受講する」として抽象化し，学生という実体と科目という実体の間に，受講という関連があると表現する。

---

† 関連型と呼ばれることもある。

このように，実体関連モデルを用いれば，現実世界の事柄を概念的に表現できるようになる。さらに，実体関連モデルの実体および関連を，関係データモデルのテーブル形式に変換すれば，処理対象の内部に存在する全体的な構造を保持しながら，そのデータをデータベースに保存できるようになる。

## 1.3 関係データベース

**関係データベース**（RDB：relational database）は，関係データモデルに基づいて構成されるデータベースである。関係データモデルでは，データをテーブルに保存することなっているので，関係データベースとは，関係を表すテーブルの集まりである。

もちろん，データベースはデータを保存するところである。しかし，データを保存する前に，その入れ物を用意しなければならない。あらかじめ使いやすい入れ物を用意しておけば，後にデータの出し入れの効率が良くなる。ここで，**スキーマ**（schema）という言葉が出てくる。スキーマはデータを入れる前の入れ物を指す言葉である。

**関係スキーマ**（relational schema）は，関係データベースの定義情報のみを意味するものである。一つのテーブルで構成されるデータベースでは，関係スキーマは，一つのテーブル名と複数の属性名から構成される。ただし，属性値の部分は含まれない。図 1.3 の例では，都道府県がテーブル名となる。また，ID，県名，県庁所在地，人口，面積が属性名となる。複数のテーブルで構成されるデータベースでは，関係スキーマは，それぞれのテーブルのテーブル名と属性名で構成される。

データベースの構造については，外部スキーマ，概念スキーマと内部スキーマからなる**3 層スキーマ構造**モデルが提案されている†。

〔**1**〕 **外部スキーマ**　ユーザーやアプリケーションなど，データベースの

---

† 1978 年，ANSI-SPARC（American National Standards Institute-Standard Planning and Requirement Committee）の最終報告書にて提案された。

外部から見た場合の見え方である。一つの概念スキーマに対して，複数の外部スキーマが存在しうる。

〔2〕 **概念スキーマ**　実世界の事象をどのようにしてモデリングするか，あるいは実世界の記録をどんな形で関係データベースに格納するかをモデリングしたものである。

〔3〕 **内部スキーマ**　概念スキーマの結果をどのようにして，ハードディスクなど物理装置に保存するかを定義する，データベース内部の物理的な構造である。

3層スキーマ構造を採用した理由は，各スキーマの間のデータの独立性にある。外部スキーマと概念スキーマの間に，論理的データの独立性が保たれている。つまり，データベースの論理的構成などが変更されても，外部スキーマに影響を与えない。また，概念スキーマと内部スキーマの間に，物理的データの独立性が保たれている。つまり，物理的格納装置の仕様など変更がされても，概念スキーマに影響を与えない。このような考え方により，データベースの設計作業およびメンテナンス作業の生産性の向上に貢献している。

## 1.4 データベース管理システム

前述のように，データベース管理システム（DBMS）とは，データベースを管理するソフトウェアで，多数のユーザーに対して，簡単でかつ高速にデータの検索と更新など行う機能を提供するものである。代表的な関係データベース管理システムを**表 1.3** に示す。

データベース管理システムから提供されるおもな機能は以下の通りである。

〔1〕 **データモデル**　関係データモデルについて，これまでに詳しく説明してきた。関係データベースの管理システムでは，関係データモデルに基づいて（つまり，テーブルで）データを保存，蓄積することができる。

〔2〕 **データベース言語**　代表的なものは SQL（Structured Query Language）があるが，これについては，つぎの節で詳しく述べる。

**表 1.3**　代表的な関係データベース管理システム

| DBMS 名 | ベンダー | 動作環境 |
|---|---|---|
| Oracle | Oracle 社 | Unix,Linux,Windows など |
| DB2 | IBM 社 | Unix,Linux,Windows,OS/400 など |
| SQL Server | Microsoft 社 | Windows |
| Access | Microsoft 社 | Windows,macOS |
| PostgreSQL | オープンソース | Linux,Windows,macOS |
| MySQL | オープンソース | Linux,Windows,macOS |
| SQLite | オープンソース | Linux,Windows,macOS |
| FireBird | オープンソース | Linux,Windows,Android |

〔3〕 **データベースアクセス**　データベースアクセスとは，データベースに対して，データの生成，抽出，更新，削除などを行うことである。データベース管理システムは，効率的にデータにアクセスできる機能を提供している。もちろん，これらのデータアクセスは安全に行わなければならない。データベース管理システムでは，安全なデータアクセスを実現するために，特に以下の機能を備えている。

**1）トランザクション管理**　**トランザクション**（transaction，取引）とは，ユーザー側からみた完全な操作の最小単位である。例えば，ATM で $m$ 万円の振込みを行う場合，暗証番号確認，振込先確認，預金残高確認をしてから，預金口座から $m$ 万円を引いて，振込先口座に $m$ 万円を足すように処理を行う。しかし，この一連の処理が「途中で中断することができない」，「振込みができなかったら，この一連の処理を行う前の状態に戻らないといけない」というような中断のできない一連の処理はトランザクションと呼ばれている。このようなデータベースへの操作をトランザクション単位で行えるようにしたのは，トランザクション管理機能である。

**2）同時実行制御**　データベースについては，不特定多数のユーザーもしくはアプリケーションからアクセスされることを想定している。同時実行の問題を考えるために，例を一つ挙げよう。仮にある預金口座に残高 10 万円がある。

たまたま二人のユーザーが同時にこの預金口座から10万円を引き出そうとしてる。残高確認の段階で問題がないから，二人とも10万円を引き出してしまうことになる。これでは，データの整合性が壊れてしまうので，このような同時実行は許してはならない操作である。データベース管理システムによってトランザクション単位での排他制御機能が提供されているので，データの整合性が保たれているのである。

**3）機密保護機能**　データベースに保存されている情報は個人や会社にとって非常に大事なもので，その機密をきちんと保護しないといけない。データベースのセキュリティ管理の基本的な考え方は，不正アクセスの防止である。データベース管理システムによって，ユーザーに対して，データベース単位，テーブル単位，さらに属性単位にデータへのアクセス権限を管理できる機能が提供されているので，正当なユーザーが正当な方法でしかデータにアクセスできないようになっている。

**4）障害回復機能**　データベースシステムに対して，**データの耐久性**や**サービスの永続性**が要求される。データの耐久性とは，障害によってデータの整合性が失われてはいけないことである。また，サービスの永続性とは，障害によってサービスを中断してはならないことである。データベース管理システムによって，データベースバックアップ機能やロギング（logging）機能が提供されているので，システム障害や人的操作ミスが発生したら，速やかに整合性のあるデータに復旧できるようになっている。

## 1.5 SQL

**SQL**（Structured Query Language，構造化された問い合わせ言語）とは，関係データベース管理システム（RDBMS）に備えているデータベースの構築，操作と管理のための専用言語である。名称には，一応「言語」という言葉を使っているが，一般的にプログラミング言語ではなく，いわゆる共通ソフトウェアあるいはミドルウェアに分類される。また，名称には，「問い合わせ」とあるが，データベースの分野では,「問い合わせ」という言葉は通常と少し違う意味で使っている。データベースでは,データベースからデータを取得することが「問い合わせ」と呼ばれている。これは,ユーザーが検索条件を指定して,データベースサーバーに問い合わせを行い,その返答をもらう形でデータを取得するからである。

1986年に,初めてのSQL統一標準規格SQL86が発表され,その後は幾度の改正と変更があり,SQL92規格とSQL99規格が発表された。現在販売あるいは配布されている各種関係データベース管理システムは,ベンダーによって特有の命令や演算もあるが,基本的にこの統一標準規格に沿って作られている。SQL命令文の使い方について,2章,3章と4章で詳しく解説するが,SQLが提供するおもな機能について,以下に簡単にまとめておく。

〔1〕 **データを格納する枠組みに対する操作**　データベース管理システムには,データを格納する枠組みとして,データベース,テーブル,ビュー(view)が用意されている。SQL命令文によって,これらの枠組みに対して,生成,変更と削除を行うことができる。

**生成**：データベース,テーブルまたはビューの枠組みにスキーマの定義を与えて,その枠組みを新規に作成する。

**変更**：既存のデータベース,テーブルまたはビューの枠組みのスキーマを変更する。

**削除**：既存のデータベース,テーブルまたはビューなどの枠組みを削除する。

〔2〕 **データそのものに対する操作**　また,SQL命令文によって,各種テーブルやビューに対して,データの追加,取得,更新,削除を行うことができる。

**追加**：テーブルのスキーマ定義にしたがって,テーブルにデータを追加する。

**取得**：検索条件を指定して,複数のテーブルの結合など演算を行い,必要なデータを取り出す。

**更新**：既存のデータベース,テーブルまたはビューの枠組みにあるデータあるいはデータの一部を限定して,それを新しいデータに書き換える。

**削除**：既存のテーブルまたはビューからデータ全体または一部を削除する。

〔**3**〕 **データベース利用するユーザーに対する操作**　SQL 命令文によって，データベースを利用するユーザーの作成と削除することができる。また，データベース，テーブルやビューなど枠組みの全体，またはその中の一部の項目について，ユーザー別に上記各種操作の権限を付与することができる。さらに，ユーザーがすでに持っている各種権限を変更すること，および剥奪することができる。

## 1.6 NoSQL

これまでに説明した通り，関係データベースでは SQL と呼ばれるデータベース言語が使われている。SQL との結びつきが大変強いため，関係データベースは SQL データベースとも呼ばれている。

一方，近年のインターネットの発展に伴い，データは一定の形にまとまらないようなものが多くなり，かつ膨大な量に増加している。このような状況において，関係データベースでは対処しづらい，あるいは十分な性能が得られないことから，関係データベース以外のデータベースが急速に発展してきた。その中で，2000 年代の後半から，**NoSQL** が，いわゆる非 SQL データベース，つまり関係データベース以外のデータベースを意味する言葉として登場したが，近年では，NoSQL は SQL を完全に否定するものではなく，SQL が唯一の選択肢ではないという意味を強調して，「Not only SQL」を表す言葉に解釈が変更になった。**表 1.4** にデータモデル別に代表的な NoSQL データベースを示す。

本書では，NoSQL データベースの中では近年特に広く使われるようになった† ドキュメント型データベースの **MongoDB** と **CouchDB** を取り上げ，その基本的な使い方と Python のプログラムから利用する手法について詳しく解説する。

† https://blog.eduonix.com/database/mongodb-couchdb-nosql-database-choose/

表 1.4　データモデル別代表的な NoSQL データベース

| データモデル | NoSQL |
| --- | --- |
| キーバリュー型 | ・Redis<br>・Memcached<br>・Risk<br>・Oracle NoSQL Database<br>・Google Cloud Database<br>・Amazon Elasticache<br>・Microsoft Azure Redis Cache |
| ワイドカラム型 | ・Cassandra<br>・HBase<br>・Aerospike<br>・Amazon DynamoDB |
| ドキュメント型 | ・MongoDB<br>・Couchbase<br>・CouchDB<br>・MarkLogic<br>・Macrosoft Azure DocumentDB<br>・IBM Cloudant |
| グラフ型 | ・Neo4j |

## 演　習　問　題

**【1.1】** 下記の各用語の意味を確認せよ。

（1） データ　（2） 情報　（3） データベース　（4） データモデル　（5） 関係データモデル　（6） 関係データベース　（7） データベース管理システム　（8） SQL　（9） NoSQL

**【1.2】** データファイルと比較して，データベースを利用する必要性について検討せよ。

**【1.3】** エクセルのような表計算ソフトと比較して，データベースを利用する必要性について検討せよ。

# 2

# SQL — 手始め —

この章では，SQL 命令文の基本的な使い方について述べる。まず，SQL 命令文の一般的な書き方や決まりについて簡単に説明する。データベースの最も基本的な操作はテーブルの作成，削除，およびテーブルにあるデータの参照，更新である。SQL に用いる命令語を説明した後，これらの基本操作を行うための SQL 命令文の基本構文を示し，MySQL における実行例を用いて詳しく解説していく。

## 2.1 SQL 命令文の基本的な決まり

関係データモデルを用いたデータベース管理システムでは，データベース→テーブル→列の枠組みでデータを管理する。まずは，データベースを単位としてデータを管理する。つまり，**図 2.1** のように，データベース管理システムの中には複数のデータベースがある。

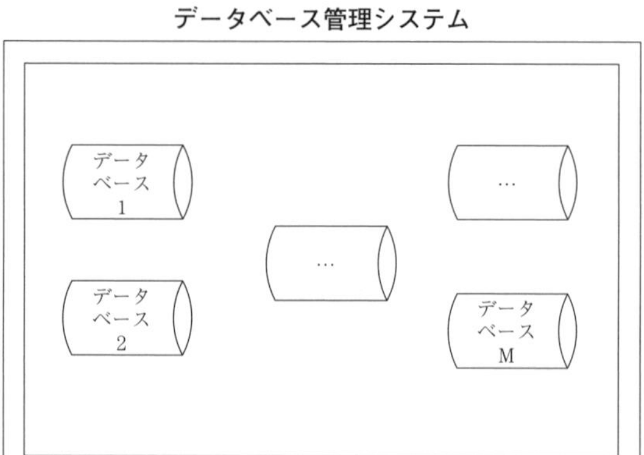


**図 2.1**　データ管理の枠組み：データベース

また，**図 2.2** のように，それぞれのデータベースは関係のある複数のテーブルから構成される。そして，テーブルは関係のある複数の列名とその値（データ）から構成される。ここでいう**列名**とは，データに意味を与えるものである。

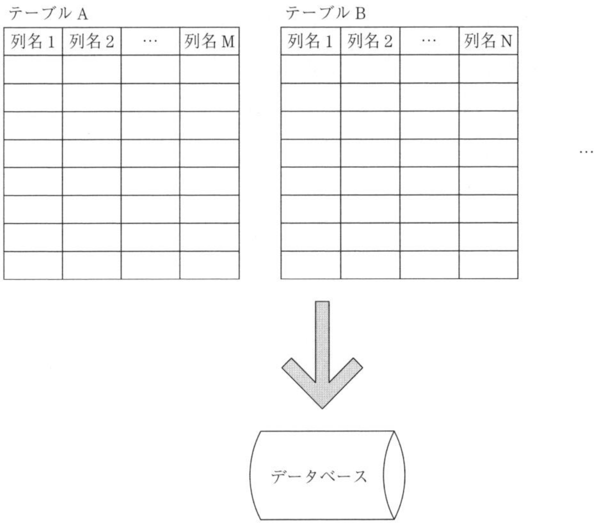


**図 2.2** データ管理の枠組み：テーブル

データベース管理システムでは，SQL 命令文を用いて，データベースやテーブルに対して各種操作を行うことができる。具体的な SQL 命令文について説明する前に，まず，その書き方の一般的な決まりを以下に示す。

### 〔1〕 SQL 命令文は操作や機能を示す命令語から始まる。

よく使われる命令語とその意味は以下の通りである。

| | |
|---|---|
| SHOW | 表示する。 |
| CREATE | 作成する。 |
| DROP | （データベース，テーブルを）削除する。 |
| USE | （データベースを）使用する。 |
| INSERT | 挿入する。 |
| SELECT | 選択する，問い合わせる。 |
| DELETE | （テーブル内のデータを）削除する。 |
| ALTER | 変更する。 |

UPDATE　　更新する。

GRANT　　付与する。

REVOKE　　剥奪する。

〔2〕 **SQL 命令文はセミコロン「；」で終わる。**

SQL 命令文の最後には必ずセミコロン「；」を付ける。命令文はセミコロン「；」が入力されるまで完了とならないので，入力の途中で改行して，続けて入力することができる。

〔3〕 **予約語の大文字 / 小文字は区別しない。**

**予約語**とは，MySQL において特定の意味を表す言葉のことである。ユーザーは，既定の意味と異なる意味で予約語を使うことができない。予約語の記述において，大文字 / 小文字の区別はない[†]。

〔4〕 **空白や改行は自由に加えて構わない。**

ただし，予約語やデータベース名，テーブル名の単語の途中で空白や改行を挟むことができない。

## 2.2 データベースの表示，作成と削除

データベースの表示，作成と削除を行う SQL 命令文を以下に示す。

```
SHOW databases;
```

☞サーバー内にあるデータベースの一覧を表示する。

```
CREATE DATABASE データベース名 ;
```

☞与えられた「データベース名」で新たにデータベースを作成する。

```
DROP DATABASE データベース名 ;
```

☞「データベース名」で指定された既存のデータベースを削除する。

では，以下の例題を用いて，実際に MySQL に入力して実行してみて，命令文の意味や機能を理解しよう。

† 実行結果に影響がないという意味で大文字 / 小文字の区別がないが，命令文の読みやすさの意味では，区別して書いたほうがよい。

【例題 2.1】 以下の SQL 命令文を順番に入力して実行し，各命令文の実行結果を確認しながらその意味を理解しよう。

（1） SHOW databases;

（2） CREATE DATABASE newbase;

（3） SHOW databases;

（4） DROP DATABASE newbase;

（5） SHOW databases;

実行結果

```
mysql> SHOW databases;
+--------------------+
| Database           |
+--------------------+
| information_schema |
| mysql              |
| performance_schema |
| sys                |
+--------------------+
4 rows in set (0.00 sec)

mysql> CREATE DATABASE newbase;
Query OK, 1 row affected (0.01 sec)

mysql> SHOW databases;
+--------------------+
| Database           |
+--------------------+
| information_schema |
| mysql              |
| newbase            |
| performance_schema |
| sys                |
+--------------------+
5 rows in set (0.00 sec)
```

```
mysql> DROP DATABASE newbase;
Query OK, 0 rows affected (0.01 sec)

mysql> SHOW databases;
+--------------------+
| Database           |
+--------------------+
| information_schema |
| mysql              |
| performance_schema |
| sys                |
+--------------------+
4 rows in set (0.00 sec)
```

**《実行結果の解説》**

（1）「SHOW databases;」の表示から，既存のデータベースの名前が確認できる。

（2）「CREATE DATABASE newbase;」によって，新たにデータベース newbase が作成された。

（3）「SHOW databases;」の表示から，（2）で作成されたデータベース newbase が確認できる。

（4）「DROP DATABASE newbase;」によって，データベース newbase が削除された。

（5）「SHOW databases;」の表示から，データベース newbase がなくなったことが確認できる。

## 2.3　テーブルの表示，作成，削除と変更

データベースを作成した後，データベースの中にテーブルを作成していく。テーブルを作成するときに，毎回どのデータベースのものかを明示的に示すのは面倒なので，それをやらなくていいように，以下に示す USE 命令文が用意されている。

```
USE データベース名;
```

☞これからの命令文の操作対象となるデータベースを指定する。

ここからは，テーブルの表示，作成と削除を行うSQL命令文を以下に示す。

CREATE TABLE テーブル名（列名 データ型 列オプション，列名 データ型 列オプション,…);

☞指定されたフィールド情報にしたがって，新たにテーブルを作成する。

SHOW fields FROM テーブル名；

☞指定されたテーブルのフィールド情報を表示する。

DROP TABLE テーブル名；

☞指定された既存のテーブルを削除する。

では，以下の例題を用いて，実際にMySQLに入力して実行してみて，各命令文の意味や機能を理解しよう。

---

**【例題 2.2】** 以下のSQL命令文を順番に入力して実行し，各命令文の実行結果を確認しながらその意味を理解しよう。

（1） SHOW databases;
（2） CREATE DATABASE testbase;
（3） SHOW databases;
（4） USE testbase;
（5） SHOW tables;
（6） CREATE TABLE testtable(name CHAR(20), age INT);
（7） SHOW tables;
（8） SHOW fields FROM testtable;
（9） DROP TABLE testtable;
（10） SHOW tables;
（11） DROP DATABASE testbase;
（12） SHOW databases;

---

実行結果

```
mysql> SHOW databases;
+--------------------+
| Database           |
+--------------------+
| information_schema |
| mysql              |
| performance_schema |
| sys                |
+--------------------+
4 rows in set (0.00 sec)

mysql> CREATE DATABASE testbase;
Query OK, 1 row affected (0.01 sec)

mysql> SHOW databases;
+--------------------+
| Database           |
+--------------------+
| information_schema |
| mysql              |
| performance_schema |
| sys                |
| testbase           |
+--------------------+
5 rows in set (0.00 sec)

mysql> USE testbase;
Database changed
mysql> SHOW tables;
Empty set (0.00 sec)

mysql> CREATE TABLE testtable(name CHAR(20), age INT);
Query OK, 0 rows affected (0.03 sec)

mysql> SHOW tables;
+--------------------+
| Tables_in_testbase |
+--------------------+
| testtable          |
+--------------------+
1 row in set (0.00 sec)

mysql> SHOW fields FROM testtable;
+-------+----------+------+-----+---------+-------+
| Field | Type     | Null | Key | Default | Extra |
```

```
+-------+----------+------+-----+---------+-------+
| name  | char(20) | YES  |     | NULL    |       |
| age   | int(11)  | YES  |     | NULL    |       |
+-------+----------+------+-----+---------+-------+
2 rows in set (0.00 sec)

mysql> DROP TABLE testtable;
Query OK, 0 rows affected (0.02 sec)

mysql> SHOW tables;
Empty set (0.00 sec)

mysql> DROP DATABASE testbase;
Query OK, 0 rows affected (0.01 sec)

mysql> SHOW databases;
+--------------------+
| Database           |
+--------------------+
| information_schema |
| mysql              |
| performance_schema |
| sys                |
+--------------------+
4 rows in set (0.00 sec)
```

**《実行結果の解説》**

（1） 「SHOW databases;」の表示から，既存のデータベースの名前が確認できる。

（2） 「CREATE DATABASE testbase;」によって，新たにデータベース testbase が作成された。

（3） 「SHOW databases;」の表示から，（2）で作成されたデータベース testbase が確認できる。

（4） 「USE testbase;」によって，これ以降の SQL 命令文の操作対象となるデータベースを testbase に指定した。

（5） データベース内にあるテーブル一覧を表示した。この時点では，データベース内にテーブルがないことが確認できる。

（6） 新しいテーブル testtable を作成した。その構成は**表 2.1** の通りである。

（7） データベース内にあるテーブル一覧を表示した。テーブル testtable が作成されたことが確認できる。

表 2.1　テーブル testtable の構成

| 列　名 | データ型 | データ型の解説 |
|---|---|---|
| name | CHAR(20) | 半角 20 文字の文字列 |
| age | INT | 整　数 |

（8）　作成したテーブルの列名情報を表示した。列名は「Field」の列，データ型は「Type」の列に表示されている。

（9）　テーブル testtable を削除した。

（10）　データベース内にあるテーブル一覧を表示した。テーブル testtable がなくなったことが確認できる。

（11）　データベース testbase を削除した。

（12）　サーバー内にあるデータベースの一覧を表示した。データベース testbase がなくなっていることが確認できる。

## 2.4　データの挿入，表示と削除

既存のテーブルに対して，データの挿入，表示および削除を行うことができる。これらの操作の SQL 命令文の書き方を以下に示す。

```
INSERT INTO テーブル名　VALUES　( 値 1, 値 2, …, 値 n);
```

☞指定されたテーブルにデータを追加する。ただし，値 1, 値 2, …, 値 n のデータ型はテーブル生成時の指定と一致しなければならない。

```
SELECT * FROM テーブル名;
```

☞指定されたテーブルのすべての列の全件データを表示する。ここでは，＊はすべての列を表す。

```
SELECT 列名 1, 列名 2, …, 列名 n FROM テーブル名;
```

☞指定されたテーブルから，列名 1，列名 2，…，列名 n の全件データを表示する。

```
DELETE FROM テーブル名;
```

☞指定されたテーブルのすべてのデータを削除する。

では，以下の例題を用いて，実際に MySQL に入力して実行してみて，各命令文の意味や機能を理解しよう。

---

**【例題 2.3】**　以下の SQL 命令文を順番に入力して実行し，各命令文の実行結果を確認しながらその意味を理解しよう。

（1）　CREATE DATABASE testbase;

（2）　SHOW databases;

（3）　USE testbase;

（4）　SHOW tables;

（5）　CREATE TABLE memberlist (name CHAR(20), gender CHAR(10), age INT);

（6）　SHOW tables;

（7）　SHOW fields FROM memberlist;

（8）　INSERT INTO memberlist VALUES ('田中花子', '女', 28);

（9）　INSERT INTO memberlist VALUES ('山田聡', '男', 32);

（10）　SELECT * FROM memberlist;

（11）　DELETE FROM memberlist;

（12）　SELECT * FROM memberlist;

---

**実行結果**

```
mysql> CREATE DATABASE testbase;
Query OK, 1 row affected (0.02 sec)

mysql> SHOW databases;
+--------------------+
| Database           |
+--------------------+
| information_schema |
| mysql              |
| performance_schema |
| sys                |
| testbase           |
+--------------------+
5 rows in set (0.00 sec)
```

```
mysql> USE testbase;
Database changed
mysql> SHOW tables;
Empty set (0.00 sec)

mysql> CREATE TABLE memberlist (name CHAR(20), gender CHAR(10),
age INT);
Query OK, 0 rows affected (0.05 sec)

mysql> SHOW tables;
+--------------------+
| Tables_in_testbase |
+--------------------+
| memberlist         |
+--------------------+
1 row in set (0.00 sec)

mysql> SHOW fields FROM memberlist;
+--------+----------+------+-----+---------+-------+
| Field  | Type     | Null | Key | Default | Extra |
+--------+----------+------+-----+---------+-------+
| name   | char(20) | YES  |     | NULL    |       |
| gender | char(10) | YES  |     | NULL    |       |
| age    | int(11)  | YES  |     | NULL    |       |
+--------+----------+------+-----+---------+-------+
3 rows in set (0.00 sec)

mysql> INSERT INTO memberlist VALUES ('田中花子', '女', 28);
Query OK, 1 row affected (0.00 sec)

mysql> INSERT INTO memberlist VALUES ('山田聡', '男', 32);
Query OK, 1 row affected (0.00 sec)

mysql> SELECT * FROM memberlist;
+----------+--------+------+
| name     | gender | age  |
+----------+--------+------+
| 田中花子 | 女     |   28 |
| 山田聡   | 男     |   32 |
+----------+--------+------+
2 rows in set (0.00 sec)

mysql> DELETE FROM memberlist;
Query OK, 2 rows affected (0.00 sec)
```

```
mysql> SELECT * FROM memberlist;
Empty set (0.00 sec)
```

### 《実行結果の解説》

（1）「CREATE DATABASE testbase;」によって，新たにデータベース testbase が作成された。

（2）「SHOW databases;」の表示から，（1）で作成されたデータベース testbase が確認できる。

（3）「USE testbase;」によって，これ以降の SQL 命令文の操作対象となるデータベースを testbase に指定した。

（4）データベース内にあるテーブル一覧を表示した。この時点では，データベース内にテーブルがないことが確認できる。

（5）新しいテーブル memberlist を作成した。その構成は**表 2.2** の通りである。

**表 2.2**　テーブル memberlist の構成

| 列　名 | データ型 | データ型の解説 |
|---|---|---|
| name | CHAR(20) | 半角 20 文字の文字列 |
| gender | CHAR(10) | 半角 10 文字の文字列 |
| age | INT | 整　数 |

（6）データベース内にあるテーブル一覧を表示した。テーブル memberlist が作成されたことが確認できる。

（7）作成したテーブル memberlist の列名情報を表示した。列名は「Field」の列，データ型は「Type」の列に表示されている。

（8）テーブル memberlist にデータを挿入した。三つの列名に順番に田中花子，女と 28 が追加されたので，列名 name の値に田中花子，列名 gender の値に女，列名 age の値に 28 が追加された。

（9）テーブル memberlist にデータを挿入した。三つの列名に順番に山田聡，男と 32 が追加されたので，列名 name の値に山田聡，列名 gender の値に男，列名 age の値に 32 が追加された。

（10）テーブル memberlist にあるデータをすべて表示した。ここでは，「*」はすべての列名を表す記号である。田中花子と山田聡のデータが表示されていることが確認できる。

（11）テーブル memberlist にあるデータをすべて削除した。

（12）テーブル memberlist にあるデータをすべて表示した。データが表示されないことが確認できる。

## 2.5 簡単な問い合わせ

前節では「SELECT * FROM テーブル名」文を用いて，テーブル内の全データを表示するできたが，じつは，この文は一番簡単な問い合わせである。データベースでは，SQL 命令文を使って，データベースからデータを取り出すことを**問い合わせ**と言う。つまり，SELECT 文は問い合わせの文である。一般的には，SELECT 文は，多くの句を組み合わせて，複雑な機能が実現できる。詳しい使い方について，最初は簡単な問い合わせから，徐々に句を追加して解説していく。この節では，まず WHERE 句による問い合わせの条件指定について説明する。

SQL の命令文では，WHERE 句を用いて，各種命令の操作対象となる行を特定することができる。WHERE 句の書き方は，「WHERE　条件式」となるが，WHERE 句を用いた SELECT 文の書き方を以下に示す。

```
SELECT　列名 1，列名 2，…，列名 n　FROM テーブル名　WHERE
条件式
```

☞ 指定されたテーブルから，条件式を満たす行を抽出して，その行にある指定された列名の値を表示する。

前節では，＊記号を用いて，テーブルにあるすべての列名のデータを表示したが，この場所に列名を並べて書けば，列名を指定してデータを表示することができる。

つぎに，条件式について解説する。ここの条件式とは，単純条件式と複合条件式の 2 種類がある。まず，単純条件式について見てみよう。一つの条件演算子で表せる条件は，**単純条件**と呼ぶ。形式的には

```
単純条件式 1：列名　条件演算子　定数
単純条件式 2：列名 1　条件演算子　列名 2
```

と記述する。この単純条件式で使用できるおもな条件演算子を**表 2.3** に示す。

**表 2.3**　おもな条件演算子

| 条件演算子 | 意　味 |
| --- | --- |
| = | 等しい |
| > | より大きい |
| >= | 以　上 |
| < | より小さい |
| <= | 以　下 |
| <> | 等しくない |
| is [not] null | null である（ではない） |
| [not] like | 指定パターンに一致する（しない） |
| [not] between | 指定範囲に含まれる（含まれない） |
| [not] in | 候補値のいずれかである（いずれでもない） |

単純条件式の例として，name='山田'，price<10000 などが挙げられる。そして，「WHERE 条件式」を用いた SELECT 文についてみてみよう。SELETC 文に WHERE 句を付け加えると，テーブルから特定の行を表示することができるようになる。

```
SELECT * FROM テーブル名　WHERE 条件式;
```

☞テーブル内の条件式が成り立つ行の全列を表示する。

```
SELECT 列名 1, 列名 2, … FROM テーブル名　WHERE 条件式;
```

☞テーブル内の条件式が成り立つ行の指定された列を表示する。

では，以下の例題を用いて，実際に MySQL に入力して実行してみて，各命令文の意味や機能を理解しよう。

---

**【例題 2.4】**　例題 2.3 の SQL 命令文に続いて，以下の SQL 命令文を順番に入力して実行し，各命令文の実行結果を確認しながらその意味を理解しよう。

（1）　USE testbase;

（2）　SHOW tables;

（3）　SHOW fields FROM memberlist;

（4） INSERT INTO memberlist VALUES ('田中花子','女',28);

（5） INSERT INTO memberlist VALUES ('山田聡','男',32);

（6） INSERT INTO memberlist VALUES ('佐藤美那子','女',21);

（7） INSERT INTO memberlist VALUES ('鈴木博','男',25);

（8） SELECT * FROM memberlist;

（9） SELECT * FROM memberlist WHERE name='田中花子';

（10） SELECT age FROM memberlist WHERE name<>'田中花子';

（11） SELECT * FROM memberlist WHERE age>=25;

（12） SELECT name FROM memberlist WHERE age<=28;

---

**実行結果**

```
mysql> USE testbase;
Database changed
mysql> SHOW tables;
+--------------------+
| Tables_in_testbase |
+--------------------+
| memberlist         |
+--------------------+
1 row in set (0.00 sec)

mysql> SHOW fields FROM memberlist;
+--------+----------+------+-----+---------+-------+
| Field  | Type     | Null | Key | Default | Extra |
+--------+----------+------+-----+---------+-------+
| name   | char(20) | YES  |     | NULL    |       |
| gender | char(10) | YES  |     | NULL    |       |
| age    | int(11)  | YES  |     | NULL    |       |
+--------+----------+------+-----+---------+-------+
3 rows in set (0.00 sec)

mysql> INSERT INTO memberlist VALUES ('田中花子','女',28);
Query OK, 1 row affected (0.01 sec)

mysql> INSERT INTO memberlist VALUES ('山田聡','男',32);
Query OK, 1 row affected (0.01 sec)

mysql> INSERT INTO memberlist VALUES ('佐藤美那子','女',21);
Query OK, 1 row affected (0.00 sec)
```

```
mysql> INSERT INTO memberlist VALUES ('鈴木博','男',25);
Query OK, 1 row affected (0.01 sec)

mysql> SELECT * FROM memberlist;
+------------+--------+------+
| name       | gender | age  |
+------------+--------+------+
| 田中花子   | 女     |   28 |
| 山田聡     | 男     |   32 |
| 佐藤美那子 | 女     |   21 |
| 鈴木博     | 男     |   25 |
+------------+--------+------+
4 rows in set (0.00 sec)

mysql> SELECT * FROM memberlist WHERE name='田中花子';
+----------+--------+------+
| name     | gender | age  |
+----------+--------+------+
| 田中花子 | 女     |   28 |
+----------+--------+------+
1 row in set (0.00 sec)

mysql> SELECT age FROM memberlist WHERE name<>'田中花子';
+------+
| age  |
+------+
|   32 |
|   21 |
|   25 |
+------+
3 rows in set (0.00 sec)

mysql> SELECT * FROM memberlist WHERE age>=25;
+----------+--------+------+
| name     | gender | age  |
+----------+--------+------+
| 田中花子 | 女     |   28 |
| 山田聡   | 男     |   32 |
| 鈴木博   | 男     |   25 |
+----------+--------+------+
3 rows in set (0.00 sec)

mysql> SELECT name FROM memberlist WHERE age<=28;
+------------+
| name       |
```

```
+------------+
| 田中花子   |
| 佐藤美那子 |
| 鈴木博     |
+------------+
3 rows in set (0.00 sec)
```

**《実行結果の解説》**

（1） これ以降の SQL 命令文の操作対象となるデータベースを testbase に指定した。ここの testbase は例題 2.3 において作成したものである。

（2） データベース内にあるテーブル一覧を表示した。この時点では，データベース内にテーブル memberlist が確認できる。

（3） テーブル memberlist の構成を表示した。その列名とデータ型は**表 2.4** の通りで，これは前出の表 2.2 と同じものである。

**表 2.4**　テーブル memberlist の構成

| 列　名 | データ型 | データ型の解説 |
|---|---|---|
| name | CHAR(20) | 半角 20 文字の文字列 |
| gender | CHAR(10) | 半角 10 文字の文字列 |
| age | INT | 整　数 |

（4〜7） テーブル memberlist に**表 2.5** のデータを挿入した。

**表 2.5**　テーブル memberlist のデータ

| **name** | **gender** | **age** |
|---|---|---|
| 田中花子 | 女 | 28 |
| 山田聡 | 男 | 32 |
| 佐藤美那子 | 女 | 21 |
| 鈴木博 | 男 | 25 |

（8） テーブル memberlist にあるデータをすべて表示した。

（9） テーブル memberlist にある name='田中花子' のデータをすべて表示した。

（10） テーブル memberlist にある name='田中花子' でない行の age 列の値て表示した。

（11） テーブル memberlist にある age>25 の行をすべて表示した。

（12） テーブル memberlist にある age<=28 の name 列の値を表示した。

これまでに，単純条件を用いた条件式について説明し，それを利用した SE-

LECT 文について例を示しながら，その動作を確認した。ここで，もう一歩進んで，複合条件についてみてみよう。**複合条件**とは，単純条件を論理演算子で複合した条件式である。論理演算子は**表 2.6** のものがある。

**表 2.6**　論理演算子

| 論理演算子 | 記　号 | 意　味 |
|---|---|---|
| 論理積 | AND | か　つ |
| 論理和 | OR | または |
| 論理否定 | NOT | でない |

**【例題 2.5】**　例題 2.4 に続いて，以下の SQL 命令文を順番に入力して実行し，各命令文の実行結果を確認しながらその意味を理解しよう。

（1）　USE testbase;

（2）　SHOW tables;

（3）　SELECT * FROM memberlist;

（4）　SELECT * FROM memberlist WHERE age>=22 AND age <=30;

（5）　SELECT * FROM memberlist WHERE age<22 OR age >30;

（6）　SELECT * FROM memberlist WHERE gender='女' AND age>=22;

（7）　SELECT * FROM memberlist WHERE NOT (gender='女' AND age>=22);

実行結果

```
mysql> USE testbase;
Database changed
mysql> SHOW tables;
+--------------------+
| Tables_in_testbase |
+--------------------+
| memberlist         |
+--------------------+
1 row in set (0.00 sec)

mysql> SELECT * FROM memberlist;
```

```
+------------+--------+------+
| name       | gender | age  |
+------------+--------+------+
| 田中花子   | 女     |   28 |
| 山田聡     | 男     |   32 |
| 佐藤美那子 | 女     |   21 |
| 鈴木博     | 男     |   25 |
+------------+--------+------+
4 rows in set (0.00 sec)

mysql> SELECT * FROM memberlist WHERE age>=22 AND age <=30;
+----------+--------+------+
| name     | gender | age  |
+----------+--------+------+
| 田中花子 | 女     |   28 |
| 鈴木博   | 男     |   25 |
+----------+--------+------+
2 rows in set (0.00 sec)

mysql> SELECT * FROM memberlist WHERE age<22 OR age >30;
+------------+--------+------+
| name       | gender | age  |
+------------+--------+------+
| 山田聡     | 男     |   32 |
| 佐藤美那子 | 女     |   21 |
+------------+--------+------+
2 rows in set (0.00 sec)

mysql> SELECT * FROM memberlist WHERE gender='女' AND age>=22;
+----------+--------+------+
| name     | gender | age  |
+----------+--------+------+
| 田中花子 | 女     |   28 |
+----------+--------+------+
1 row in set (0.00 sec)

mysql> SELECT * FROM memberlist WHERE NOT (gender='女' AND
age>=22);
+------------+--------+------+
| name       | gender | age  |
+------------+--------+------+
| 山田聡     | 男     |   32 |
| 佐藤美那子 | 女     |   21 |
| 鈴木博     | 男     |   25 |
+------------+--------+------+
3 rows in set (0.00 sec)
```

《実行結果の解説》

（1） これ以降の操作対象となるデータベースを testbase に指定した。

（2） データベース内にあるテーブルの一覧を表示した。

（3） テーブル memberlist にあるすべてのデータを表示した。

（4） テーブル memberlist から条件「年齢が 22 歳以上かつ 30 歳以下」を満たす行を表示した。28 歳の田中花子と 25 歳の鈴木博が表示されていることが確認できる。

（5） テーブル memberlist から条件「年齢が 22 歳未満または 30 歳超」を満たす行を表示した。32 歳の山田聡と 21 歳の佐藤美那子が表示されていることが確認できる。

（6） テーブル memberlist から条件「gender='女' かつ age>=22」を満たす行を表示した。女性で 28 歳の田中花子が表示されていることが確認できる。

（7） テーブル memberlist から条件「(gender='女' かつ age>=22) の否定」を満たす行を表示した。女性で 28 歳の田中花子以外の行が表示されていることが確認できる。

## 演　習　問　題

**【2.1】** 下記要求にしたがって，SQL 命令文を用いて，47 都道府県のデータベースを作成し，作成したテーブルのすべてのデータを表示せよ。

＊データ参照サイト：都道府県プロフィール https://uub.jp/pjn/pb.html

**仕様要求**

データベース名：todoufukenbase

テーブル名：todoufuken

列名とデータ型：

| 列の意味 | 列　名 | データ型 |
|---|---|---|
| 県　名 | kenmei | CHAR(20) |
| 県庁所在地 | kenchou | CHAR(20) |
| 人口〔単位：人〕 | jinkou | INT |
| 面積〔単位：$km^2$〕 | menseki | FLOAT |

**【2.2】** 演習問題【2.1】で作成したテーブル todoufuken について，SQL 命令文を作成して以下の要求を実現せよ。

**仕様要求**

（1）　人口 1 000 万人以上の都道府県の全列を表示する。

（2）　人口 100 万人以下の都道府県の県名，県庁所在地と人口を表示する。

（3）　面積 8 000 km$^2$ 以上の都道府県の全列を表示する。

（4）　面積 3 000 km$^2$ 以下の都道府県の県名，県庁所在地と面積を表示する。

**【2.3】** 演習問題【2.1】で作成したテーブル todoufuken をについて，SQL 命令文を作成して以下の要求を実現せよ。

**仕様要求**

（1）　人口 800 万人以上，1 000 万人未満の都道府県の県名を表示する。

（2）　人口 800 万人以上，かつ面積 3 000 km$^2$ 以下の都道府県の県名と県庁所在地を表示する。

# 3

# SQL — 基本的な問い合わせ —

2章では，SQL 命令文の基本的な決まりや簡単な使い方について述べたが，この章では，少しレベルアップして，より多くの機能を取り入れた問い合わせについて解説していく。まずは，少し基本理論に触れることで，選択演算と射影演算について解説する。そのあとに，SELECT 文の整列機能，集約機能と算術演算について解説する。最後に，ビュー機能を導入して，より効率に SQL 命令文を作成できるようにする。

## 3.1 基本理論

### — 選択演算と射影演算 —

1章では，関係データモデルを導入して，関係について簡単に解説した。関係データモデルでは，一つの関係から一部分を取り出したり，複数の関係をまとめて一つの関係を作成したりするように，関係に対して演算を行うことができる。このような関係に対する演算を**関係演算**（relational operation）と呼ぶ。おもな関係演算は，射影演算，選択演算，結合演算と集合演算がある。この節では，射影演算と選択演算について解説する。

これからの説明のために，まず，2章の例題で作成したテーブルのデータを関係の一例として用意しておく（**表 3.1**）。

**表 3.1**　関係の例：メンバー

| 名　前 | 性　別 | 年　齢 |
|---|---|---|
| 田中花子 | 女 | 28 |
| 山田聡 | 男 | 32 |
| 佐藤美那子 | 女 | 21 |
| 鈴木博 | 男 | 25 |

〔**1**〕 **射影演算**　　**射影**（projection）**演算** $\pi_{A,B}R$ とは，関係 R から特定の属性 A と属性 B を取り出す演算である。射影演算に対応する SQL 命令文は，一般的に以下のようになる。

```
SELECT　列名 A，列名 B FROM テーブル R;
```

射影演算の例を**表 3.2** に示す。

**表 3.2**　射影演算 $\pi_{名前,\ 年齢}$メンバー

| 名　前 | 年　齢 |
|---|---|
| 田中花子 | 28 |
| 山田聡 | 32 |
| 佐藤美那子 | 21 |
| 鈴木博 | 25 |

この射影演算の例に対応する SQL 命令文は以下の通りである。

```
SELECT　名前，年齢　FROM　メンバー；
```

〔**2**〕 **選択演算**　　**選択**（selection）**演算** $\sigma_{条件式}R$ とは，関係 R から与えられた条件式を満たすタプルを取り出す演算である。選択演算に対応する SQL 命令文は，一般的に以下のようになる。

```
SELECT * FROM テーブル R　WHERE　条件式；
```

選択演算の例を**表 3.3** に示す。

**表 3.3**　選択演算 $\sigma_{性別='女'}$メンバー

| 名　前 | 性　別 | 年　齢 |
|---|---|---|
| 田中花子 | 女 | 28 |
| 佐藤美那子 | 女 | 21 |

この選択演算例に対応する SQL 命令文は以下の通りである。

```
SELECT　*　FROM　メンバー　WHERE　性別='女';
```

〔**3**〕 **射影と選択の複合演算**　　さらに，選択演算と射影演算の複合することもできる。例えば，関係メンバーに対して，選択演算 $\sigma_{性別='女'}$メンバーを行ってから，射影演算 $\pi_{名前,\ 年齢}$を行うと，複合した演算式は以下のようになる。

$$\pi_{名前,\ 年齢}(\sigma_{性別='女'}メンバー)$$

その演算結果は**表 3.4** のようになる。

**表 3.4**　選択−射影の複合演算

$\pi_{名前,\ 年齢}(\sigma_{性別='女'}メンバー)$

| 名　前 | 年　齢 |
|---|---|
| 田中花子 | 28 |
| 佐藤美那子 | 21 |

また，この選択−射影の複合演算に対応する SQL 命令文は以下の通りである。

```
SELECT　名前，年齢　FROM　メンバー　WHERE　性別='女';
```

## 3.2 データの整列

テーブルにあるレコードを指定された列の値の順番で並べ替えることを整列またはソートという。整列は，問い合わせの SELECT 文に ORDER BY 句を指定して行う。その書き方は以下のようになる。

```
SELECT　列名　FROM テーブル名　WHERE　条件式 ORDER BY
列名　[DESC]　[LIMIT　[ 開始位置 m,]　件数 n];
```

ここで，角括弧 [ ] の中にあるものは，オプションと呼ばれ，必要に応じて記述する。整列の順番については，デフォルトでは昇順となっている。降順に整列したいとにはDESC を指定しなければならない。また，LIMIT オプションを指定することによって，整列結果のm番目以降の n 件を取り出すことができる。ただし，開始位置 m が省略された場合，m=0 から表示される。

では，2 章の演習問題で作成した都道府県のテーブルを使って，ORDER BY 句の動作を確認してみよう。

---

**【例題 3.1】**　都道府県テーブルについて，SQL 命令文を用いて以下の要求を実現し，それを MySQL 上で実行し，動作確認せよ。

**仕様要求**

都道府県データを人口の昇順で並べ替え，全列の全件を表示する。

---

**SQL 命令文**

```
1:   USE todoufukenbase;
2:   SELECT * FROM todoufuken ORDER BY jinkou;
```

〔ファイル名：ch3ex1.sql〕[†]

### 《SQL 命令文の解説》

1: todoufukenbase を使用する。

2: テーブル todoufuken に対して問い合わせを行う。その際，ORDER BY jinkou 句によって，列 jinkou をキーとして並べ替えを行う。順序について特に指定がないので，デフォルトで昇順となる。

**実行結果**

```
mysql> USE todoufukenbase;
Database changed
mysql> SELECT * FROM todoufuken ORDER BY jinkou;
+----------+-----------+---------+---------+
| kenmei   | kenchou   | jinkou  | menseki |
+----------+-----------+---------+---------+
| 鳥取県   | 鳥取市    |  591150 | 3507.26 |
| 島根県   | 松江市    |  720112 | 6707.86 |
| 高知県   | 高知市    |  767520 | 7105.16 |
| 徳島県   | 徳島市    |  789269 | 4146.67 |
| 福井県   | 福井市    |  808589 | 4189.59 |
| 佐賀県   | 佐賀市    |  852825 | 2439.65 |
| 山梨県   | 甲府市    |  869132 | 4465.37 |
| 香川県   | 高松市    | 1000169 | 1876.53 |
| 和歌山県 | 和歌山市  | 1005710 | 4726.29 |
| 富山県   | 富山市    | 1095217 | 4247.59 |
| 秋田県   | 秋田市    | 1097626 | 11636.2 |
| 宮崎県   | 宮崎市    | 1132768 | 7734.84 |
| 石川県   | 金沢市    | 1166656 | 4185.58 |
| 山形県   | 山形市    | 1179964 | 9323.46 |
| 大分県   | 大分市    | 1197220 | 6339.58 |
| 岩手県   | 盛岡市    | 1340852 | 15278.9 |
| 青森県   | 青森市    | 1382637 | 9644.21 |
| 沖縄県   | 那覇市    | 1385725 | 2275.96 |
| 奈良県   | 奈良市    | 1400951 | 3691.09 |
| 滋賀県   | 大津市    | 1402132 | 4017.36 |
| 長崎県   | 長崎市    | 1432236 | 4105.05 |
```

† 本書では，コロナ社の Web ページ（扉裏「本書ご利用にあたって」参照）からダウンロードしたパッケージを参照するために，命令文やソースコードの下にファイル名を示してある。

```
| 愛媛県     | 松山市     |  1437549 |    5678 |
| 山口県     | 山口市     |  1456800 | 6113.89 |
| 鹿児島県   | 鹿児島市   |  1711746 | 9188.74 |
| 熊本県     | 熊本市     |  1815985 | 7405.84 |
| 三重県     | 津市       |  1862575 | 5777.22 |
| 岡山県     | 岡山市     |  1943655 | 7113.21 |
| 群馬県     | 前橋市     |  2006903 | 6363.16 |
| 栃木県     | 宇都宮市   |  2010732 | 6408.28 |
| 福島県     | 福島市     |  2042816 | 13782.8 |
| 岐阜県     | 岐阜市     |  2086590 | 10621.2 |
| 長野県     | 長野市     |  2160602 | 13562.2 |
| 宮城県     | 仙台市     |  2340029 | 7285.75 |
| 新潟県     | 新潟市     |  2383650 | 12583.7 |
| 京都府     | 京都市     |  2631441 | 4613.13 |
| 広島県     | 広島市     |  2866571 | 8479.27 |
| 茨城県     | 水戸市     |  2967404 | 6095.69 |
| 静岡県     | 静岡市     |  3787982 | 7780.38 |
| 福岡県     | 福岡市     |  5066856 |  4977.2 |
| 北海道     | 札幌市     |  5517449 | 78420.6 |
| 兵庫県     | 神戸市     |  5599359 | 8395.89 |
| 千葉県     | 千葉市     |  6183743 |  5156.6 |
| 埼玉県     | さいたま市 |  7170362 | 3797.25 |
| 愛知県     | 名古屋市   |  7414098 | 5164.58 |
| 大阪府     | 大阪市     |  8840372 | 1898.01 |
| 神奈川県   | 横浜市     |  9005176 | 2415.85 |
| 東京都     | 新宿区     | 12988797 | 2187.65 |
+----------+-----------+---------+--------+
47 rows in set (0.01 sec)
```

**《実行結果の解説》**

ORDER BY jinkou 句を用いて，テーブル todoufuken のデータを人口の昇順に整列して表示した。実行結果の jinkou の列を見ると，鳥取県の 591 150 人，島根県の 720 112 人，高知県の 767 520 人などのように，人口の昇順に表示されていることが確認できる[†]。

---

**【例題 3.2】** 都道府県テーブルについて，SQL 命令文を用いて以下の要求を実現し，それを MySQL 上で実行し，動作確認せよ。

**仕様要求**

都道府県データを面積の降順で並べ替え，全項目の全件を表示する。

---

† ここに示した都道府県の人口，面積のデータは，最新のものと異なる。

**SQL 命令文**

```
1:   USE todoufukenbase;
2:   SELECT * FROM todoufuken ORDER BY menseki DESC;
```

〔ファイル名：ch3ex2.sql〕

**《SQL 命令文の解説》**

1：　todoufukenbase を使用する。

2：　テーブル todoufuken に対して問い合わせを行う。その際，ORDER BY menseki 句によって，列 menseki をキーとして並べ替えを行う。順序については DESC オプションの指定があるので，降順となる。

**実行結果**

```
mysql> USE todoufukenbase;
Database changed
mysql> SELECT * FROM todoufuken ORDER BY menseki DESC;
+----------+-----------+---------+---------+
| kenmei   | kenchou   | jinkou  | menseki |
+----------+-----------+---------+---------+
| 北海道   | 札幌市    | 5517449 | 78420.6 |
| 岩手県   | 盛岡市    | 1340852 | 15278.9 |
| 福島県   | 福島市    | 2042816 | 13782.8 |
| 長野県   | 長野市    | 2160602 | 13562.2 |
| 新潟県   | 新潟市    | 2383650 | 12583.7 |
| 秋田県   | 秋田市    | 1097626 | 11636.2 |
| 岐阜県   | 岐阜市    | 2086590 | 10621.2 |
| 青森県   | 青森市    | 1382637 | 9644.21 |
| 山形県   | 山形市    | 1179964 | 9323.46 |
| 鹿児島県 | 鹿児島市  | 1711746 | 9188.74 |
| 広島県   | 広島市    | 2866571 | 8479.27 |
| 兵庫県   | 神戸市    | 5599359 | 8395.89 |
| 静岡県   | 静岡市    | 3787982 | 7780.38 |
| 宮崎県   | 宮崎市    | 1132768 | 7734.84 |
| 熊本県   | 熊本市    | 1815985 | 7405.84 |
| 宮城県   | 仙台市    | 2340029 | 7285.75 |
| 岡山県   | 岡山市    | 1943655 | 7113.21 |
| 高知県   | 高知市    |  767520 | 7105.16 |
| 島根県   | 松江市    |  720112 | 6707.86 |
| 栃木県   | 宇都宮市  | 2010732 | 6408.28 |
| 群馬県   | 前橋市    | 2006903 | 6363.16 |
| 大分県   | 大分市    | 1197220 | 6339.58 |
| 山口県   | 山口市    | 1456800 | 6113.89 |
| 茨城県   | 水戸市    | 2967404 | 6095.69 |
| 三重県   | 津市      | 1862575 | 5777.22 |
```

```
| 愛媛県     | 松山市     |  1437549 |    5678 |
| 愛知県     | 名古屋市   |  7414098 | 5164.58 |
| 千葉県     | 千葉市     |  6183743 |  5156.6 |
| 福岡県     | 福岡市     |  5066856 |  4977.2 |
| 和歌山県   | 和歌山市   |  1005710 | 4726.29 |
| 京都府     | 京都市     |  2631441 | 4613.13 |
| 山梨県     | 甲府市     |   869132 | 4465.37 |
| 富山県     | 富山市     |  1095217 | 4247.59 |
| 福井県     | 福井市     |   808589 | 4189.59 |
| 石川県     | 金沢市     |  1166656 | 4185.58 |
| 徳島県     | 徳島市     |   789269 | 4146.67 |
| 長崎県     | 長崎市     |  1432236 | 4105.05 |
| 滋賀県     | 大津市     |  1402132 | 4017.36 |
| 埼玉県     | さいたま市 |  7170362 | 3797.25 |
| 奈良県     | 奈良市     |  1400951 | 3691.09 |
| 鳥取県     | 鳥取市     |   591150 | 3507.26 |
| 佐賀県     | 佐賀市     |   852825 | 2439.65 |
| 神奈川県   | 横浜市     |  9005176 | 2415.85 |
| 沖縄県     | 那覇市     |  1385725 | 2275.96 |
| 東京都     | 新宿区     | 12988797 | 2187.65 |
| 大阪府     | 大阪市     |  8840372 | 1898.01 |
| 香川県     | 高松市     |  1000169 | 1876.53 |
+----------+------------+----------+---------+
47 rows in set (0.00 sec)
```

**《実行結果の解説》**

ORDER BY menseki DESC 句を用いて，テーブル todoufuken のデータを面積の降順に整列して表示した。実行結果の menseki の列を見ると，北海道の 78 420.6 $km^2$，岩手県の 15 278.9 $km^2$，福島県の 13 782.8 $km^2$ などのように，面積の降順に表示されていることが確認できる。

---

**【例題 3.3】** 都道府県テーブルについて，SQL 命令文を用いて以下の要求を実現し，それを MySQL 上で実行し，動作確認せよ。

**仕様要求**

（1） 都道府県データを人口の昇順で並べ替え，上位の 10 件を表示する。

（2） 都道府県データを人口の昇順で並べ替え，4 件目から 5 件を表示する。

（3） 都道府県データを面積の降順で並べ替え，上位の 10 件を表示する。

（4） 都道府県データを面積の降順で並べ替え，4 件目から 5 件を表示する。

---

**SQL 命令文**

```
1:  USE todoufukenbase;
2:  # 小問 1
3:  SELECT * FROM todoufuken ORDER BY jinkou LIMIT 10;
4:  # 小問 2
5:  SELECT * FROM todoufuken ORDER BY jinkou LIMIT 4,5;
6:  # 小問 3
7:  SELECT * FROM todoufuken ORDER BY menseki DESC LIMIT 10;
8:  # 小問 4
9:  SELECT * FROM todoufuken ORDER BY menseki DESC LIMIT 4, 5;
```

〔ファイル名：ch3ex3.sql〕

### 《SQL 命令文の解説》

1： todoufukenbase を使用する。

3： SELECT 文を用いて，テーブル todoufuken に対して問い合わせを行う。その際，ORDER BY jinkou 句によって，列 jinkou をキーとして並べ替えを行う。また，表示範囲については LIMIT 10 の指定があるので，0 番目からの 10 件となる。

5： 3 行目の命令文の表示範囲のみを変更した。ここでは，LIMIT 4, 5 の指定があるので，表示範囲は 4 番目からの 5 件となる。

7： SELECT 文を用いて，テーブル todoufuken に対して問い合わせを行う。その際，ORDER BY jinkou 句によって，列 menseki をキーとして並べ替えを行う。順序については DESC の指定があるので，降順となる。また，表示範囲については LIMIT 10 の指定があるので，0 番目からの 10 件となる。

9： 7 行目の命令文の表示範囲のみを変更した。ここでは，LIMIT 4, 5 の指定があるので，表示範囲は 4 番目からの 5 件となる。

**実行結果**

```
mysql> USE todoufukenbase;
Database changed
mysql> # 小問 1
mysql> SELECT * FROM todoufuken ORDER BY jinkou LIMIT 10;
+----------+----------+--------+---------+
| kenmei   | kenchou  | jinkou | menseki |
+----------+----------+--------+---------+
| 鳥取県   | 鳥取市   | 591150 | 3507.26 |
| 島根県   | 松江市   | 720112 | 6707.86 |
| 高知県   | 高知市   | 767520 | 7105.16 |
| 徳島県   | 徳島市   | 789269 | 4146.67 |
| 福井県   | 福井市   | 808589 | 4189.59 |
| 佐賀県   | 佐賀市   | 852825 | 2439.65 |
```

```
| 山梨県     | 甲府市    |  869132 | 4465.37 |
| 香川県     | 高松市    | 1000169 | 1876.53 |
| 和歌山県   | 和歌山市  | 1005710 | 4726.29 |
| 富山県     | 富山市    | 1095217 | 4247.59 |
+----------+---------+--------+--------+
10 rows in set (0.00 sec)

mysql> #小問 2
mysql> SELECT * FROM todoufuken ORDER BY jinkou LIMIT 4,5;
+----------+---------+--------+--------+
| kenmei   | kenchou | jinkou | menseki |
+----------+---------+--------+--------+
| 福井県     | 福井市    |  808589 | 4189.59 |
| 佐賀県     | 佐賀市    |  852825 | 2439.65 |
| 山梨県     | 甲府市    |  869132 | 4465.37 |
| 香川県     | 高松市    | 1000169 | 1876.53 |
| 和歌山県   | 和歌山市  | 1005710 | 4726.29 |
+----------+---------+--------+--------+
5 rows in set (0.00 sec)

mysql> #小問 3
mysql> SELECT * FROM todoufuken ORDER BY menseki DESC LIMIT 10;
+----------+---------+--------+--------+
| kenmei   | kenchou | jinkou | menseki |
+----------+---------+--------+--------+
| 北海道     | 札幌市    | 5517449 | 78420.6 |
| 岩手県     | 盛岡市    | 1340852 | 15278.9 |
| 福島県     | 福島市    | 2042816 | 13782.8 |
| 長野県     | 長野市    | 2160602 | 13562.2 |
| 新潟県     | 新潟市    | 2383650 | 12583.7 |
| 秋田県     | 秋田市    | 1097626 | 11636.2 |
| 岐阜県     | 岐阜市    | 2086590 | 10621.2 |
| 青森県     | 青森市    | 1382637 | 9644.21 |
| 山形県     | 山形市    | 1179964 | 9323.46 |
| 鹿児島県   | 鹿児島市  | 1711746 | 9188.74 |
+----------+---------+--------+--------+
10 rows in set (0.00 sec)

mysql> #小問 4
mysql> SELECT * FROM todoufuken ORDER BY menseki DESC LIMIT 4, 5;
```

```
+--------+---------+---------+---------+
| kenmei | kenchou | jinkou  | menseki |
+--------+---------+---------+---------+
| 新潟県 | 新潟市  | 2383650 | 12583.7 |
| 秋田県 | 秋田市  | 1097626 | 11636.2 |
| 岐阜県 | 岐阜市  | 2086590 | 10621.2 |
| 青森県 | 青森市  | 1382637 | 9644.21 |
| 山形県 | 山形市  | 1179964 | 9323.46 |
+--------+---------+---------+---------+
5 rows in set (0.00 sec)
```

**《実行結果の解説》**

（1）　実行結果のjinkouの列を見ると，鳥取県の591 150人，島根県の720 112人，…，富山県の1 095 217人の順に，人口の昇順に上位10番までに表示されていることが確認できる。

（2）　実行結果のjinkouの列を見ると，（1）の結果を0番から数えて4番目福井県の808 589人から，人口の昇順に5件のデータが表示されていることが確認できる。

（3）　実行結果のmensekiの列を見ると，北海道の78 420.6 km$^2$，岩手県の15 278.9 km$^2$，…，鹿児島県の9 188.74 km$^2$までのように，面積の降順に上位10件が表示されていることが確認できる。

（4）　実行結果のmensekiの列を見ると，（3）の結果を0番から数えて4番目新潟県の12 583.7 km$^2$から，面積の降順に5件のデータが表示されていることが確認できる。

## 3.3 集　約　関　数

与えられたテーブルについて，特定のキーで，レコードをまとめて集計を行うことを**グループ化**という。

グループ化はSELECT文にGROUP BY句を付け加えて行う。また，グループ内の項目に対して，カウント，平均，総和などの集約関数を用いることができる。おもな**集約関数**を**表3.5**に示す。

**表 3.5**　集約関数

| 集約関数名 | 処　理 |
|---|---|
| AVG（列名） | 平均値 |
| COUNT（列名） | 件　数 |
| MAX（列名） | 最大値 |
| MIN（列名） | 最小値 |
| SUM（列名） | 総和（合計） |

**GROUP BY 句を用いた SELECT 文の書き方**：

SELECT　集約関数名（列名）　FROM　表名　GROUP BY　列名；

GROUP BY 句によってグループ化したあとに，さらに HAVING 句を付け加えることで，条件を設定してレコードを抽出することができる。その書き方は以下の通りである。

SELECT　集約関数名（列名）　FROM　表名　GROUP BY　列名
HAVING 条件式；

---

**【例題 3.4】**　2 章で作成テーブル memberlist について，SQL 命令文を用いて以下の要求を実現し，それを MySQL 上で実行し，動作確認せよ。

**仕様要求**

（1）　男女別の会員の件数を表示する。

（2）　男女別の 20 代の会員の件数を表示する。

（3）　男女別の 20 代の会員の件数が 1 件のみの性別を表示する。

---

**SQL 命令文**

```
USE testbase;
# 小問 1
SELECT gender, COUNT(name) FROM memberlist GROUP BY gender;
# 小問 2
SELECT gender, COUNT(name) FROM memberlist WHERE age>=20 and
age<30 GROUP BY gender;
# 小問 3
SELECT gender, COUNT(name) FROM memberlist WHERE age>=20 and
```

```
    age<30 GROUP BY gender HAVING COUNT(name)=1;
```

〔ファイル名：ch3ex4.sql〕

### 《SQL 命令文の解説》

1： testbase を使用する。

3： SELECT 文を用いて，テーブル memberlist に対して問い合わせを行う。その際，GROUP BY gender 句によって，列 gender をキーとしてグループを作る。また，表示項目の COUNT(name) は，グループ内の列 name の件数を数えるとの意味となる。

5： SELECT 文を用いて，テーブル memberlist に対して問い合わせを行う。その際，WHERE 句によって，年齢≧20 かつ年齢<30 の条件を設ける。また，GROUP BY gender 句によって，列 gender をキーとしてグループを作る。

7： SELECT 文を用いて，テーブル memberlist に対して問い合わせを行う。その際，WHERE 句によって，年齢≧20 かつ年齢<30 の条件を設ける。また，GROUP BY gender 句によって，列 gender をキーとしてグループを作り，HAVING COUNT(name)=1 句を用いて，操作対象を件数＝1 のグループのみに限定する。

**実行結果**

```
mysql> USE testbase;
Database changed
mysql> #小問 1
mysql> SELECT gender, COUNT(name) FROM memberlist GROUP BY gender;
+--------+-------------+
| gender | count(name) |
+--------+-------------+
| 女     |           2 |
| 男     |           2 |
+--------+-------------+
2 rows in set (0.00 sec)

mysql> #小問 2
mysql> SELECT gender, COUNT(name) FROM memberlist WHERE age>=20
and age<30 GROUP BY gender;
+--------+-------------+
| gender | count(name) |
+--------+-------------+
| 女     |           2 |
| 男     |           1 |
+--------+-------------+
2 rows in set (0.00 sec)
```

```
mysql> #小問3
mysql> SELECT gender, COUNT(name) FROM memberlist WHERE age>=20
and age<30 GROUP BY gender HAVING COUNT(name)=1;
+--------+-------------+
| gender | count(name) |
+--------+-------------+
| 男     |           1 |
+--------+-------------+
1 row in set (0.00 sec)
```

**《実行結果の解説》**

（1） GROUP BY gender 句によって，memberlist をグループ化して，その name 列の件数をカウントして表示した。

（2） （1）の SQL 命令文に WHERE age>=20 and age<30 句を付け加えて，20 代のみ対象とした。テーブルにもともとある列名に関する条件式は WHERE 句を用いて記述する。

（3） （2）の SQL 命令文にさらに HAVING COUNT(name)=1 句を付け加えて，件数が 1 件のみの性別を表示した。グループ化によって集約後の列名に関する条件式は HAVING 句を用いて記述する。

## 3.4 算　術　演　算

数値属性の列に対して，算術演算を含む問い合わせを行うことができる。また，下記のようにの演算結果の列に AS を使って，「新しい列名」を付けて，値を表示することができる。

書き方：

```
SELECT　列の演算式　AS　新しい列名　FROM 表名　WHRER　条件式；
```

また，SQL 命令文で用いるおもな算術演算の記号を**表 3.6** に示す。

**表 3.6**　おもな算術演算

| 記　号 | 演　算 |
| --- | --- |
| + | 加　算 |
| - | 減　算 |
| * | 乗　算 |
| / | 除　算 |
| DIV | 除算（結果は整数部分のみ） |
| % | 剰　余 |

**【例題 3.5】**　SQL 命令文を用いて以下の要求を実現し，それを MySQL 上で実行し，動作確認せよ。

**仕様要求**

（1）　**表 3.7** の売上表を用いて，売り上げデータベースを作成する。ただし，データベース名：salesbase，テーブル名：saleslist とする。

**表 3.7**　売　上　表

| sid | goods | price | quantity |
| --- | --- | --- | --- |
| T01 | テレビ | 198 000 | 1 |
| T02 | 冷蔵庫 | 125 000 | 2 |
| T03 | 洗濯機 | 104 000 | 2 |
| T04 | 掃除機 | 125 000 | 1 |
| T05 | パソコン | 179 800 | 4 |
| T06 | カメラ | 58 900 | 3 |

（2）　品目別の売上金額を表示する。

（3）　売上金額の合計を表示する。

**SQL 命令文**

```
# 小問 1
CREATE DATABASE salesbase;
USE salesbase;
CREATE TABLE saleslist(sid CHAR(10) NOT NULL, goods CHAR(30),
price INT, quantity INT, PRIMARY KEY (sid));
```

```
5:  SHOW tables;
6:  SHOW fields FROM saleslist;
7:  INSERT INTO saleslist VALUES('T01', 'テレビ', 198000, 1);
8:  INSERT INTO saleslist VALUES('T02', '冷蔵庫', 125000, 2);
9:  INSERT INTO saleslist VALUES('T03', '洗濯機', 104000, 2);
10: INSERT INTO saleslist VALUES('T04', '掃除機', 125000, 1);
11: INSERT INTO saleslist VALUES('T05', 'パソコン', 179800, 4);
12: INSERT INTO saleslist VALUES('T06', 'カメラ', 58900, 3);
13: SELECT * FROM saleslist;
14: # 小問 2
15: SELECT sid, goods, price, quantity, price*quantity AS amount
    FROM saleslist;
16: # 小問 3
17: SELECT SUM(price*quantity) AS total_amount FROM saleslist;
```

〔ファイル名：ch3ex5.sql〕

**《SQL 命令文の解説》**

2:　データベース salesbase を生成する。

3:　salesbase を使用する。

4:　**表 3.8** に示す構成でテーブル saleslist を生成する。

**表 3.8**　テーブル saleslist の構成

| 列　名 | データ型 | 説　明 |
|---|---|---|
| sid | CHAR(10) | 商品 ID |
| goods | CHAR(30) | 商品名 |
| price | INT | 単　価 |
| quantity | INT | 数　量 |

5:　データベース内のテーブル一覧を表示する。

6:　テーブル saleslist の構成情報を表示する。

7〜12:　テーブル saleslist にデータを挿入する。全部で 6 件のデータを追加する。

13:　テーブル saleslist のデータを全件表示する。

15:　品目別の売上金額を表示する。amount= price*quantity

17:　売上金額の合計を表示する。total_amount=SUM(price*quantity)

実行結果

```
mysql> #小問1
mysql> CREATE DATABASE salesbase;
Query OK, 1 row affected (0.01 sec)

mysql> USE salesbase;
Database changed
mysql> CREATE TABLE saleslist(sid CHAR(10) NOT NULL, goods
CHAR(30), price INT, quantity INT, PRIMARY KEY (sid));
Query OK, 0 rows affected (0.04 sec)

mysql> SHOW tables;
+---------------------+
| Tables_in_salesbase |
+---------------------+
| saleslist           |
+---------------------+
1 row in set (0.00 sec)

mysql> SHOW fields FROM saleslist;
+----------+----------+------+-----+---------+-------+
| Field    | Type     | Null | Key | Default | Extra |
+----------+----------+------+-----+---------+-------+
| sid      | char(10) | NO   | PRI | NULL    |       |
| goods    | char(30) | YES  |     | NULL    |       |
| price    | int(11)  | YES  |     | NULL    |       |
| quantity | int(11)  | YES  |     | NULL    |       |
+----------+----------+------+-----+---------+-------+
4 rows in set (0.00 sec)

mysql> INSERT INTO saleslist VALUES('T01', 'テレビ', 198000, 1);
Query OK, 1 row affected (0.01 sec)

mysql> INSERT INTO saleslist VALUES('T02', '冷蔵庫', 125000, 2);
Query OK, 1 row affected (0.01 sec)

mysql> INSERT INTO saleslist VALUES('T03', '洗濯機', 104000, 2);
Query OK, 1 row affected (0.00 sec)

mysql> INSERT INTO saleslist VALUES('T04', '掃除機', 125000, 1);
Query OK, 1 row affected (0.00 sec)

mysql> INSERT INTO saleslist VALUES('T05', 'パソコン', 179800, 4);
Query OK, 1 row affected (0.00 sec)

mysql> INSERT INTO saleslist VALUES('T06', 'カメラ', 58900, 3);
```

```
Query OK, 1 row affected (0.00 sec)

mysql> SELECT * FROM saleslist;
+-----+---------+--------+----------+
| sid | goods   | price  | quantity |
+-----+---------+--------+----------+
| T01 | テレビ   | 198000 |        1 |
| T02 | 冷蔵庫   | 125000 |        2 |
| T03 | 洗濯機   | 104000 |        2 |
| T04 | 掃除機   | 125000 |        1 |
| T05 | パソコン | 179800 |        4 |
| T06 | カメラ   |  58900 |        3 |
+-----+---------+--------+----------+
6 rows in set (0.00 sec)

mysql> # 小問 2
mysql> SELECT sid, goods, price, quantity, price*quantity AS
amount FROM saleslist;
+-----+---------+--------+----------+--------+
| sid | goods   | price  | quantity | amount |
+-----+---------+--------+----------+--------+
| T01 | テレビ   | 198000 |        1 | 198000 |
| T02 | 冷蔵庫   | 125000 |        2 | 250000 |
| T03 | 洗濯機   | 104000 |        2 | 208000 |
| T04 | 掃除機   | 125000 |        1 | 125000 |
| T05 | パソコン | 179800 |        4 | 719200 |
| T06 | カメラ   |  58900 |        3 | 176700 |
+-----+---------+--------+----------+--------+
6 rows in set (0.00 sec)

mysql> # 小問 3
mysql> SELECT SUM(price*quantity) AS total_amount FROM saleslist;
+--------------+
| total_amount |
+--------------+
|      1676900 |
+--------------+
1 row in set (0.00 sec)
```

**《実行結果の解説》**

各商品について，単価と数量の掛け算で金額を算出して表示されている。また，集約関数 SUM( ) を使って，総金額を算出して表示している。

## 3.5 ビューの作成と削除

ビュー（view）という言葉は「風景，眺望」の意味で，ここでは，テーブルの見え方のことである。つまり，データベースに作成したテーブルは，そのまま表示するのもできるが，ある特定のユーザー，またはある特定の目的に応じて，見え方を変えて表示することもできる。また，複雑な作業を実現するSQL命令文はだいぶ長くなるので，作業の中間結果を一時的に保存するのもビューの使い方の一つである。ビューは，ハードディスクなど2次記憶装置に恒久に保存されている実在テーブルではなく，仮想のテーブルである。これまでの実行結果で見たように，問い合わせ（SELECT文）の実行結果もまたテーブルである。ビューは実在テーブルに対する問い合わせによってデータを抽出して生成されるものである。ビューを生成するSQL命令文の書き方は以下のようになる。

```
CREATE VIEW ビュー名　AS　SELECT　テーブル名1.列名1　AS
ビューの列名1, テーブル名1.列名2　AS　ビューの項目名2,　…
FROM テーブル1, テーブル2　WHERE　条件式；
```

また，ビューを削除するSQL命令文の書き方は以下のようになる。

```
DROP VIEW ビュー名；
```

---

**【例題3.6】**　SQL命令文を用いて以下の要求を実現し，それをMySQL上で実行し，動作確認せよ。

**仕様要求**

（1）　例題3.5の売上テーブルsaleslistから，ビューsalesviewを生成する。

（2）　ビューsalesviewの構成を確認する。

（3）　ビューsalesviewの全件データを表示する。

（4）　ビューsalesviewを用いて，売上総金額total_amountを算出して表示する。

---

**SQL 命令文**

```
1:  USE salesbase;
2:  SHOW tables;
3:  # 小問 1
4:  CREATE VIEW salesview AS SELECT sid, goods, price, quantity,
    price*quantity AS amount FROM saleslist;
5:  SHOW tables;
6:  # 小問 2
7:  SHOW fields FROM salesview;
8:  # 小問 3
9:  SELECT * FROM salesview;
10: # 小問 4
11: SELECT SUM(amount) AS total_amount FROM salesview;
```

〔ファイル名：ch3ex6.sql〕

### 《SQL 命令文の解説》

1: salesbase を使用する。

2: テーブルの一覧を表示する。このとき，saleslist しか表示されないことを確認する。

4: 下記の SELECT 文の実行結果を用いて，ビュー salesview を作成する。
SELECT sid, goods, price, quantity, price*quantity AS amount FROM saleslist;

5: テーブルの一覧を表示する。このとき，salesview が新たに追加されたことを確認する。

7: salesview の構成を確認する。

9: salesview のデータを全件表示する。列 amount があることを確認する。

11: salesview の列 amount に対して集約関数 SUM( ) を適用して，総金額を算出して表示する。

**実行結果**

```
mysql> USE salesbase;
Database changed
mysql> SHOW tables;
+---------------------+
| Tables_in_salesbase |
+---------------------+
| saleslist           |
+---------------------+
1 row in set (0.00 sec)

mysql> # 小問 1
```

```
mysql> CREATE VIEW salesview AS SELECT sid, goods, price, quantity,
price*quantity AS amount FROM saleslist;
Query OK, 0 rows affected (0.01 sec)

mysql> SHOW tables;
+--------------------+
| Tables_in_salesbase |
+--------------------+
| saleslist          |
| salesview          |
+--------------------+
2 rows in set (0.00 sec)

mysql> #小問 2
mysql> SHOW fields FROM salesview;
+----------+-----------+------+-----+---------+-------+
| Field    | Type      | Null | Key | Default | Extra |
+----------+-----------+------+-----+---------+-------+
| sid      | char(10)  | NO   |     | NULL    |       |
| goods    | char(30)  | YES  |     | NULL    |       |
| price    | int(11)   | YES  |     | NULL    |       |
| quantity | int(11)   | YES  |     | NULL    |       |
| amount   | bigint(21)| YES  |     | NULL    |       |
+----------+-----------+------+-----+---------+-------+
5 rows in set (0.00 sec)

mysql> #小問 3
mysql> SELECT * FROM salesview;
+-----+----------+--------+----------+--------+
| sid | goods    | price  | quantity | amount |
+-----+----------+--------+----------+--------+
| T01 | テレビ   | 198000 |        1 | 198000 |
| T02 | 冷蔵庫   | 125000 |        2 | 250000 |
| T03 | 洗濯機   | 104000 |        2 | 208000 |
| T04 | 掃除機   | 125000 |        1 | 125000 |
| T05 | パソコン | 179800 |        4 | 719200 |
| T06 | カメラ   |  58900 |        3 | 176700 |
+-----+----------+--------+----------+--------+
6 rows in set (0.00 sec)

mysql> #小問 4
mysql> SELECT SUM(amount) AS total_amount FROM salesview;
+--------------+
| total_amount |
+--------------+
```

```
|       1676900 |
+---------------+
1 row in set (0.00 sec)
```

《実行結果の解説》

テーブル saleslist から，列 amount を追加したビュー salesview を作成したことで，列 amount に対して集約関数 SUM( ) を適用して，総金額を算出できるようになった。総金額は例題 3.5 と同じ値である。

## 演　習　問　題

**【3.1】** テーブル todoufuken について，SQL 命令文を作成して以下の要求を実現せよ。
＊データ参照サイト：ウィキペディア「日本の地域」https://ja.wikipedia.org/wiki/日本の地域#/media/ファイル:Regions_and_Prefectures_of_Japan_(ja).svg

**仕様要求**

（1） テーブル todoufuken に地方（chihou）の列名を追加して，各県データにさらに chihou の値を設定してください。そして，todoufuken テーブルの全件を表示する。(〈**補足**〉テーブルに列を追加する：ALTER　TABLE　テーブル名　ADD　列名　データ型；　列の値を設定する：UPDATE　テーブル名　SET　列名＝値　WHERE　条件式；)

（2） 地方別の人口と面積合計を表示する。

（3） 地方別の県の数を表示する。

（4） 地方別の県の数が最大となる地方名と県の数を表示する。

**【3.2】** テーブル todoufuken について，SQL 命令文を作成して以下の要求を実現せよ。

**仕様要求**

（1） 各都道府県の人口密度（単位：人/$km^2$）を jinkoumitudo として計算し，県名（kenmei）と人口密度（jinkoumitudo）を表示する。

（2） todoufuken テーブルに人口密度（jinkoumitudo）の列名を追加して，各県データから jinkoumitudo の値を算出して更新する。

（3） todoufuken テーブルの全件を表示する。

**【3.3】** テーブル todoufuken について，SQL 命令文を作成して以下の要求を実現せよ。

**仕様要求**

（1） 各地方別の人口，面積をまとめたビューを作成する。

（2） （1）で作成しビューを用いて，日本の全人口と全面積を算出して表示する。

# 4

# SQL ― 結合演算を用いた問い合わせ ―

3章では，一つのテーブルを対象として，問い合わせを行うSQL命令文について解説したが，この章では，複数のテーブルを対象として，問い合わせを行うSQL命令文ついて解説していく。まずは，基本理論として交差結合，等結合と自然結合など結合演算について説明する。その上で，複数のテーブルを有するデータベースを用意する。そして，用意できたデータベースを例として用い，SELECT文による交差結合，等結合と自然結合を実現する手法について解説する。

## 4.1 基 本 理 論
### ― 結合演算 ―

結合演算は関係演算の一種で，与えられた条件にしたがって，二つの関係を結合して新たに一つの関係を作り出す演算である。結合演算 $R_C=R_A \bowtie_F R_B$ とは，条件Fのもとで関係 $R_A$ と関係 $R_B$ と結合して関係 $R_C$ を作り出す演算である。条件Fの設定によって，交差結合，等結合，自然結合などができる。これからは，これらの結合演算について例を示しながら，詳しく解説していく。

### 4.1.1 交 差 結 合

**交差結合**とは，関係 $R_A$ と関係 $R_B$ のすべての組合せである。結合演算の言い方にすれば，条件Fが設定されない結合演算に相当するものである。つまり，交差結合 $R_C=R_A \bowtie R_B$ となる。実際に関係 $R_A$ が**表 4.1**，関係 $R_B$ が**表 4.2** で与えられたら，関係 $R_A$ と関係 $R_B$ の交差結合 $R_C$ は**表 4.3** のようになる。

**表 4.1**　関係 $R_A$

| 属性 1 | 属性 2 |
|---|---|
| a | e |
| b | d |
| c | f |

**表 4.2**　関係 $R_B$

| 属性 3 | 属性 4 | 属性 5 |
|---|---|---|
| g | i | k |
| h | j | l |

**表 4.3**　関係 $R_A$ と関係 $R_B$ の交差結合 $R_C$

| 属性 1 | 属性 2 | 属性 3 | 属性 4 | 属性 5 |
|---|---|---|---|---|
| a | e | g | i | k |
| a | e | h | j | l |
| b | d | g | i | k |
| b | d | h | j | l |
| c | f | g | i | k |
| c | f | h | j | l |

このように，交差結合の演算結果では，列について，関係 $R_A$ と関係 $R_B$ のすべての列を用いるので，全部で 5 列になる。また，行について，関係 $R_A$ の 2 行は，関係 $R_B$ の 3 行とそれぞれつなぐので，全部で 6 行になる。最終的に 5 列 6 行のテーブルになる。

この交差結合を行う SQL 文は，CROSS JOIN である。例えば，テーブル table_A とテーブル table_B の交差結合は以下の SELECT 文を用いて実現できる。

```
SELECT * FROM table_A CROSS JOIN table_B;
```

### 4.1.2　等結合と自然結合

**等結合**とは，関係 $R_A$ と関係 $R_B$ の属性値が等しい（属性 $A_i$=属性 $B_j$）の条件のもとで求めた結合演算である。つまり，等結合 $R_C=R_A \bowtie_{属性 A_i=属性 B_j} R_B$ となる。実際に関係 $R_A$ が**表 4.4**，関係 $R_B$ が**表 4.5** で与えられたら，関係 $R_A$ と関係 $R_B$ の等結合 $R_C$ は**表 4.6** のようになる。

**表 4.4**　関係 $R_A$

| 属性 1 | 属性 2 |
|---|---|
| a | 1 |
| b | 2 |
| c | 3 |

**表 4.5**　関係 $R_B$

| 属性 3 | 属性 4 | 属性 5 |
|---|---|---|
| 2 | i | k |
| 1 | j | l |

**表 4.6**　関係 $R_A$ と関係 $R_A$ の等結合 $R_C$

| 属性 1 | 属性 2 | 属性 3 | 属性 4 | 属性 5 |
|---|---|---|---|---|
| a | 1 | 1 | j | l |
| b | 2 | 2 | i | k |

このように，等結合の演算結果では，列について，関係 $R_A$ と関係 $R_B$ のすべての列を用いるので，全部で 5 列になる。また，行について，関係 $R_A$ 属性 2 の値と関係 $R_B$ の属性 3 と等しいときのみつなぐので，全部で 2 行になる。最終的に 5 列 2 行のテーブルになる。

この等結合を行う SQL 文は，INNER JOIN である。例えば，テーブル table_A とテーブル table_B の等結合は以下の SELECT 文を用いて実現できる。

```
SELECT * FROM table_A INNER JOIN table_B ON table_A. 属性 2=
table_B. 属性 3;
```

等結合の演算結果では，結合条件の属性 2 と属性 3 の値はすべて同じなので，結合の結果から，片方の属性を削除する必要がある。これに対して，属性の削除が必要としない結合演算があり，**自然結合**という。自然結合では，二つのテーブルにある同じ属性名の等しいデータ値を結合するのは自然であると考え，暗黙の条件の下で同じ属性名の等結合を行う。実際に関係 $R_A$ が**表 4.7**，関係 $R_B$ が**表 4.8** で与えられたら，関係 $R_A$ と関係 $R_B$ の自然結合 $R_C$ は**表 4.9** のようになる。

表 4.7　関係 $R_A$

| 属性 1 | 属性 X |
|---|---|
| a | 1 |
| b | 2 |
| c | 3 |

表 4.8　関係 $R_B$

| 属性 X | 属性 4 | 属性 5 |
|---|---|---|
| 2 | i | k |
| 1 | j | l |

表 4.9　関係 $R_A$ と関係 $R_B$ の自然結合

| 属性 1 | 属性 X | 属性 4 | 属性 5 |
|---|---|---|---|
| a | 1 | j | l |
| b | 2 | i | k |

このように，自然結合の演算結果では，二つの関係にある同じ名前の属性の値が等しいときだけ結合され，属性名も一つになっている。最終的に 4 列 2 行のテーブルになる。

この自然結合を行う SQL 文は，natural INNER JOIN である。例えば，テーブル table_A とテーブル table_B の等結合は以下の SELECT 文を用いて実現できる。

```
SELECT * FROM table_A natural INNER JOIN table_B;
```

## 4.2　複数テーブルからなるデータベース

これ以降の節では，各種結合演算について例を示しながら解説していく。その準備として，ここでは MySQL を用いて，実際に学生の時間割のデータベース jikanwaribase を生成し，その中に**表 4.10**〜**表 4.12** の三つのテーブルを入れておく。

**表 4.10**　学生〔テーブル名：gakusei〕

| 学生証番号 | 氏名漢字 | 氏名かな |
|---|---|---|
| 80AB0001 | 田中花子 | たなかはなこ |
| 80AB0002 | 山田聡 | やまださとし |
| 80AB0003 | 佐藤美那子 | さとうみなこ |
| 80AB0004 | 鈴木博 | すずきひろし |

**表 4.11**　科目〔テーブル名：kamoku〕

| 科目番号 | 科目名 | 教員 | 教室 | 単位 | 曜日 | 時限 |
|---|---|---|---|---|---|---|
| C110 | ネットワーク基礎 | 小川 | 2111 | 2 | 火 | 1 |
| C111 | プログラミング入門 | 川田 | 2111 | 2 | 火 | 2 |
| C211 | オペレーティングシステム | 山川 | 1203 | 2 | 月 | 3 |
| C212 | データベース | 大山 | 1203 | 4 | 月 | 2 |
| C321 | プロジェクト 1 | 前田 | 1211 | 2 | 水 | 3 |
| C322 | プロジェクト 2 | 大島 | 1212 | 2 | 水 | 4 |
| T1022 | 英語 1 | 島田 | 3221 | 2 | 火 | 2 |
| T1023 | 英語 2 | 島田 | 3221 | 2 | 金 | 2 |
| T1211 | 体育 1 | 前川 | 体育館 | 1 | 木 | 3 |
| T1212 | 体育 2 | 前川 | グランド | 1 | 火 | 2 |

**表 4.12**　履修〔テーブル名：rishu〕

| 学生証番号 | 科目番号 | 学生証番号 | 科目番号 |
|---|---|---|---|
| 80AB0001 | C110 | 80AB0003 | C211 |
| 80AB0001 | C212 | 80AB0003 | C110 |
| 80AB0001 | T1022 | 80AB0003 | T1212 |
| 80AB0001 | C321 | 80AB0003 | C321 |
| 80AB0001 | T1211 | 80AB0003 | T1023 |
| 80AB0002 | C211 | 80AB0004 | C211 |
| 80AB0002 | C110 | 80AB0004 | C111 |
| 80AB0002 | C321 | 80AB0004 | C322 |
| 80AB0002 | T1211 | 80AB0004 | T1212 |
| 80AB0002 | T1023 | 80AB0004 | T1023 |

**【例題 4.1】** SQL 命令文を用いて以下の要求を実現し，それを MySQL 上で実行し，動作確認せよ。

**仕様要求**

（1） データベース jikanwaribase を作成する。

（2） **表 4.13** の構成でテーブル gakusei を作成して，データ入力を行う。

**表 4.13** テーブル gakusei の構成

| 意　味 | 列　名 | データ型 |
|---|---|---|
| 学生証番号 | gakuseino | CHAR(10) |
| 氏名漢字 | namae | CHAR(20) |
| 氏名かな | kana | CHAR(30) |

（3） **表 4.14** の構成でテーブル kamoku を作成して，データ入力を行う。

**表 4.14** テーブル kamoku の構成

| 意　味 | 列　名 | データ型 |
|---|---|---|
| 科目番号 | kamokuno | CHAR(10) |
| 科目名 | kamokumei | CHAR(30) |
| 教　員 | kyouin | CHAR(20) |
| 教　室 | kyoushitsu | CHAR(10) |
| 単　位 | tani | INT |
| 曜　日 | youbi | CHAR(10) |
| 時　限 | jigen | CHAR(10) |

（4） **表 4.15** の構成でテーブル rishu を作成して，データ入力を行う。

**表 4.15** テーブル rishu の構成

| 意　味 | 列　名 | データ型 |
|---|---|---|
| 学生証番号 | gakuseino | CHAR(10) |
| 科目番号 | kamokuno | CHAR(10) |

（5） これまでに作成したテーブル gakusei，kamoku と rishu の全件データを表示する。

**SQL 命令文**

```
#小問1
CREATE DATABASE jikanwaribase;
SHOW databases;
USE jikanwaribase;
#小問2
CREATE TABLE gakusei (gakuseino CHAR(10), namae CHAR(20), kana CHAR(30), PRIMARY KEY (gakuseino));
SHOW fields FROM gakusei;
INSERT INTO gakusei VALUES ('80AB0001', '田中花子', 'たなかはなこ');
INSERT INTO gakusei VALUES ('80AB0002', '山田聡', 'やまださとし');
INSERT INTO gakusei VALUES ('80AB0003', '佐藤美那子', 'さとうみなこ');
INSERT INTO gakusei VALUES ('80AB0004', '鈴木博', 'すずきひろし');
#小問3
CREATE TABLE kamoku (kamokuno CHAR(10), kamokumei CHAR(20), kyouin CHAR(30), kyoushitsu CHAR(20), tani INT, youbi CHAR(10), jigen CHAR(10), PRIMARY KEY (kamokuno));
SHOW fields FROM kamoku;
INSERT INTO kamoku VALUES ('C110', 'ネットワーク基礎', '小川', '2111', 2, '火', '1');
INSERT INTO kamoku VALUES ('C111', 'プログラミング入門', '川田', '2111', 2, '火', '2');
INSERT INTO kamoku VALUES ('C211', 'オペレーティングシステム', '山川', '1203', 2, '月', '3');
INSERT INTO kamoku VALUES ('C212', 'データベース', '大山', '1203', 4, '月', '2');
INSERT INTO kamoku VALUES ('C321', 'プロジェクト1', '前田', '1211', 2, '水', '3');
INSERT INTO kamoku VALUES ('C322', 'プロジェクト2', '大島', '1212', 2, '水', '4');
INSERT INTO kamoku VALUES ('T1022', '英語1', '島田', '3221', 2, '火', '2');
INSERT INTO kamoku VALUES ('T1023', '英語2', '島田', '3221', 2, '金', '2');
INSERT INTO kamoku VALUES ('T1211', '体育1', '前川', '体育館', 1, '木', '3');
INSERT INTO kamoku VALUES ('T1212', '体育2', '前川', 'グランド', 1, '火', '2');
#小問4
CREATE TABLE rishu (gakuseino CHAR(10), kamokuno CHAR(10));
SHOW fields FROM rishu;
INSERT INTO rishu VALUES ('80AB0001', 'C110'), ('80AB0001', 'C212'), ('80AB0001', 'T1022'), ('80AB0001', 'C321'), ('80AB0001', 'T1211');
```

```
29: INSERT INTO rishu VALUES ('80AB0002', 'C211'), ('80AB0002',
    'C110'), ('80AB0002', 'C321'), ('80AB0002', 'T1211'),
    ('80AB0002', 'T1023');
30: INSERT INTO rishu VALUES ('80AB0003', 'C211'), ('80AB0003',
    'C110'), ('80AB0003', 'T1212'), ('80AB0003', 'C321'),
    ('80AB0003', 'T1023');
31: INSERT INTO rishu VALUES ('80AB0004', 'C211'), ('80AB0004',
    'C111'), ('80AB0004', 'C322'), ('80AB0004', 'T1212'),
    ('80AB0004', 'T1023');
32: #小問5
33: SELECT * FROM gakusei;
34: SELECT * FROM kamoku;
35: SELECT * FROM rishu;
```

〔ファイル名：ch4ex1.sql〕

### 《SQL 命令文の解説》

2: データベース jikanwaribase を作成する。

3: データベース jikanwaribase が作成されたことを確認する。

4: これ以降は jikanwaribase を使用する。

6: 与えられた構成でテーブル gakusei を作成する。

7: テーブル gakusei の構成情報を表示する。

8～11: テーブル gakusei にデータを挿入する。全部で 4 件のデータを追加する。ここでは 8 行目の文を例として説明する。この INSERT 文によって，6 行目で作成したテーブル gakusei の各属性に，順番に値が代入される。つまり，gakuseino に「80AB0001」，namae に「田中花子」，kana に「たなかはなこ」が代入される。

13: 与えられた構成でテーブル kamoku を作成する。

14: テーブル kamoku の構成情報を表示する。

15～24: テーブル kamoku にデータを挿入する。全部で 10 件のデータを追加する。ここでは 15 行目の文を例として説明する。この INSERT 文によって，13 行目で作成したテーブル kamoku の各属性に，順番に値が代入される。つまり，kamokunon に「C110」，kamokumei に「ネットワーク基礎」，kyouin に「小川」，kyoushitsu に「2111」，tani に「2」，youbi に「火」，jigen に「1」が代入される。

26: 与えられた構成でテーブル rishu を作成する。

27: テーブル rishu の構成情報を表示する。

28～31: テーブル rishu にデータを挿入する。全部で 20 件のデータを追加する。

ここでは，複数行のデータを一度に追加できる INSERT 文を用いて，学生証番号別に複数の科目番号を追加した。ここでは 28 行目の文を例として説明する。この INSERT 文によって，26 行目で作成したテーブル rishu の各属性に，順番に値が代入される。ただし，この文には属性の値が 5 セットがあるので，この一つの INSERT 文で，以下の五つの INSERT 文を実行したときと同じ操作を実現できる。

INSERT INTO rishu VALUES ('80AB0001', 'C110');
INSERT INTO rishu VALUES ('80AB0001', 'C212');
INSERT INTO rishu VALUES ('80AB0001', 'T1022');
INSERT INTO rishu VALUES ('80AB0001', 'C321');
INSERT INTO rishu VALUES ('80AB0001', 'T1211');

33:　テーブル gakusei のデータを全件表示する。

34:　テーブル kamoku のデータを全件表示する。

35:　テーブル rishu のデータを全件表示する。

**《実行結果》**

小問（1）から小問（4）のデータベースの作成，テーブルの作成およびデータ入力の作業の結果は，小問（5）の表示で確認できるので，紙面の都合上，今回は小問（1）から小問（4）の実行結果を省略し，小問（5）の実行結果のみ以下に示す。

**実行結果**

```
mysql> #小問5
mysql> SELECT * FROM gakusei;
+-----------+-----------+-------------+
| gakuseino | namae     | kana        |
+-----------+-----------+-------------+
| 80AB0001  | 田中花子  | たなかはなこ |
| 80AB0002  | 山田聡    | やまださとし |
| 80AB0003  | 佐藤美那子 | さとうみなこ |
| 80AB0004  | 鈴木博    | すずきひろし |
+-----------+-----------+-------------+
4 rows in set (0.00 sec)
```

```
mysql> SELECT * FROM kamoku;
+----------+------------------------+--------+------------+------+-------+-------+
| kamokuno | kamokumei              | kyouin | kyoushitsu | tani | youbi | jigen |
+----------+------------------------+--------+------------+------+-------+-------+
| C110     | ネットワーク基礎       | 小川   | 2111       |    2 | 火    | 1     |
| C111     | プログラミング入門     | 川田   | 2111       |    2 | 火    | 2     |
| C211     | オペレーティングシステム | 山川   | 1203       |    2 | 月    | 3     |
| C212     | データベース           | 大山   | 1203       |    4 | 月    | 2     |
| C321     | プロジェクト1          | 前田   | 1211       |    2 | 水    | 3     |
| C322     | プロジェクト2          | 大島   | 1212       |    2 | 水    | 4     |
| T1022    | 英語1                  | 島田   | 3221       |    2 | 火    | 2     |
| T1023    | 英語2                  | 島田   | 3221       |    2 | 金    | 2     |
| T1211    | 体育1                  | 前川   | 体育館     |    1 | 木    | 3     |
| T1212    | 体育2                  | 前川   | グランド   |    1 | 火    | 2     |
+----------+------------------------+--------+------------+------+-------+-------+
10 rows in set (0.00 sec)
mysql> SELECT * FROM rishu;
+-----------+----------+
| gakuseino | kamokuno |
+-----------+----------+
| 80AB0001  | C110     |
| 80AB0001  | C212     |
| 80AB0001  | T1022    |
| 80AB0001  | C321     |
| 80AB0001  | T1211    |
| 80AB0002  | C211     |
| 80AB0002  | C110     |
| 80AB0002  | C321     |
| 80AB0002  | T1211    |
| 80AB0002  | T1023    |
| 80AB0003  | C211     |
| 80AB0003  | C110     |
| 80AB0003  | T1212    |
| 80AB0003  | C321     |
| 80AB0003  | T1023    |
| 80AB0004  | C211     |
| 80AB0004  | C111     |
| 80AB0004  | C322     |
| 80AB0004  | T1212    |
| 80AB0004  | T1023    |
+-----------+----------+
20 rows in set (0.00 sec)
```

**《実行結果の解説》**

問題で要求された三つの表が，データベースサーバーに作成されたことが確認できる。「SELECT * FROM gakusei;」の実行結果は表 4.10 と同じになり，「SELECT * FROM kamoku;」の実行結果は，表 4.11 と同じになり，「SELECT * FROM rishu;」の実行結果は，表 4.12 と同じになった。

## 4.3 SELECT 文
### ── 交差結合 ──

この節では，4.2 節で作成したテーブル gakusei とテーブル kamoku を用いて，4.1 節で説明した交差結合演算を実際に行ってみることにしよう。

---

**【例題 4.2】** SQL 命令文を用いて以下の要求を実現し，それを MySQL 上で実行し，動作確認せよ。

**仕様要求**

テーブル gakusei とテーブル kamoku の交差結合を求める。

---

**SQL 命令文**

```
1:  SELECT * FROM gakusei CROSS JOIN kamoku;
```

〔ファイル名：ch4ex2.sql〕

**《SQL 命令文の解説》**

1：テーブル gakusei とテーブル kamoku の交差結合演算を行う，演算結果の全件データを表示する。

**《実行結果》**

次ページに示す。

**《実行結果の解説》**

テーブル gakusei のすべての行とテーブル kamoku のすべての行の全部の組合せで結合されて，すべての列が表示されていることが確認できる。

**実行結果**

```
mysql> SELECT * FROM gakusei CROSS JOIN kamoku;
+-----------+------------+--------------+-----------+----------------------------+--------+-------------+------+-------+-------+
| gakuseino | namae      | kana         | kamokuno  | kamokumei                  | kyouin | kyoushitsu  | tani | youbi | jigen |
+-----------+------------+--------------+-----------+----------------------------+--------+-------------+------+-------+-------+
| 80AB0001  | 田中花子   | たなかはなこ | C110      | ネットワーク基礎           | 小川   | 2111        |    2 | 火    | 1     |
| 80AB0002  | 山田聡     | やまださとし | C110      | ネットワーク基礎           | 小川   | 2111        |    2 | 火    | 1     |
| 80AB0003  | 佐藤美那子 | さとうみなこ | C110      | ネットワーク基礎           | 小川   | 2111        |    2 | 火    | 1     |
| 80AB0004  | 鈴木博     | すずきひろし | C110      | ネットワーク基礎           | 小川   | 2111        |    2 | 火    | 1     |
| 80AB0001  | 田中花子   | たなかはなこ | C111      | プログラミング入門         | 川田   | 2111        |    2 | 火    | 2     |
| 80AB0002  | 山田聡     | やまださとし | C111      | プログラミング入門         | 川田   | 2111        |    2 | 火    | 2     |
| 80AB0003  | 佐藤美那子 | さとうみなこ | C111      | プログラミング入門         | 川田   | 2111        |    2 | 火    | 2     |
| 80AB0004  | 鈴木博     | すずきひろし | C111      | プログラミング入門         | 川田   | 2111        |    2 | 火    | 2     |
| 80AB0001  | 田中花子   | たなかはなこ | C211      | オペレーティングシステム   | 山川   | 1203        |    2 | 月    | 3     |
| 80AB0002  | 山田聡     | やまださとし | C211      | オペレーティングシステム   | 山川   | 1203        |    2 | 月    | 3     |
| 80AB0003  | 佐藤美那子 | さとうみなこ | C211      | オペレーティングシステム   | 山川   | 1203        |    2 | 月    | 3     |
| 80AB0004  | 鈴木博     | すずきひろし | C211      | オペレーティングシステム   | 山川   | 1203        |    2 | 月    | 3     |
| 80AB0001  | 田中花子   | たなかはなこ | C212      | データベース               | 大山   | 1203        |    4 | 月    | 2     |
| 80AB0002  | 山田聡     | やまださとし | C212      | データベース               | 大山   | 1203        |    4 | 月    | 2     |
| 80AB0003  | 佐藤美那子 | さとうみなこ | C212      | データベース               | 大山   | 1203        |    4 | 月    | 2     |
| 80AB0004  | 鈴木博     | すずきひろし | C212      | データベース               | 大山   | 1203        |    4 | 月    | 2     |
| 80AB0001  | 田中花子   | たなかはなこ | C321      | プロジェクト１             | 前田   | 1211        |    2 | 水    | 3     |
| 80AB0002  | 山田聡     | やまださとし | C321      | プロジェクト１             | 前田   | 1211        |    2 | 水    | 3     |
| 80AB0003  | 佐藤美那子 | さとうみなこ | C321      | プロジェクト１             | 前田   | 1211        |    2 | 水    | 3     |
| 80AB0004  | 鈴木博     | すずきひろし | C321      | プロジェクト１             | 前田   | 1211        |    2 | 水    | 3     |
| 80AB0001  | 田中花子   | たなかはなこ | C322      | プロジェクト２             | 大島   | 1212        |    2 | 水    | 4     |
| 80AB0002  | 山田聡     | やまださとし | C322      | プロジェクト２             | 大島   | 1212        |    2 | 水    | 4     |
| 80AB0003  | 佐藤美那子 | さとうみなこ | C322      | プロジェクト２             | 大島   | 1212        |    2 | 水    | 4     |
| 80AB0004  | 鈴木博     | すずきひろし | C322      | プロジェクト２             | 大島   | 1212        |    2 | 水    | 4     |
| 80AB0001  | 田中花子   | たなかはなこ | T1022     | 英語１                     | 島田   | 3221        |    2 | 火    | 2     |
| 80AB0002  | 山田聡     | やまださとし | T1022     | 英語１                     | 島田   | 3221        |    2 | 火    | 2     |
| 80AB0003  | 佐藤美那子 | さとうみなこ | T1022     | 英語１                     | 島田   | 3221        |    2 | 火    | 2     |
| 80AB0004  | 鈴木博     | すずきひろし | T1022     | 英語１                     | 島田   | 3221        |    2 | 火    | 2     |
| 80AB0001  | 田中花子   | たなかはなこ | T1023     | 英語２                     | 島田   | 3221        |    2 | 金    | 2     |
| 80AB0002  | 山田聡     | やまださとし | T1023     | 英語２                     | 島田   | 3221        |    2 | 金    | 2     |
| 80AB0003  | 佐藤美那子 | さとうみなこ | T1023     | 英語２                     | 島田   | 3221        |    2 | 金    | 2     |
| 80AB0004  | 鈴木博     | すずきひろし | T1023     | 英語２                     | 島田   | 3221        |    2 | 金    | 2     |
| 80AB0001  | 田中花子   | たなかはなこ | T1211     | 体育１                     | 前川   | 体育館      |    1 | 木    | 3     |
| 80AB0002  | 山田聡     | やまださとし | T1211     | 体育１                     | 前川   | 体育館      |    1 | 木    | 3     |
| 80AB0003  | 佐藤美那子 | さとうみなこ | T1211     | 体育１                     | 前川   | 体育館      |    1 | 木    | 3     |
| 80AB0004  | 鈴木博     | すずきひろし | T1211     | 体育１                     | 前川   | 体育館      |    1 | 木    | 3     |
| 80AB0001  | 田中花子   | たなかはなこ | T1212     | 体育２                     | 前川   | グランド    |    1 | 火    | 2     |
| 80AB0002  | 山田聡     | やまださとし | T1212     | 体育２                     | 前川   | グランド    |    1 | 火    | 2     |
| 80AB0003  | 佐藤美那子 | さとうみなこ | T1212     | 体育２                     | 前川   | グランド    |    1 | 火    | 2     |
| 80AB0004  | 鈴木博     | すずきひろし | T1212     | 体育２                     | 前川   | グランド    |    1 | 火    | 2     |
+-----------+------------+--------------+-----------+----------------------------+--------+-------------+------+-------+-------+
40 rows in set (0.00 sec)
```

## 4.4 SELECT 文

### ― 等結合と自然結合 ―

この節では，4.2 節で作成した三つのテーブルを用いて，4.1 節で説明した等結合演算と自然結合演算を実際に行ってみることにしよう。

---

**【例題 4.3】** SQL 命令文を用いて以下の要求を実現し，それを MySQL 上で実行し，動作確認せよ。

（1） 学生証番号が等しいの条件の下で，テーブル gakusei とテーブル rishu の等結合を求める。

（2） テーブル gakusei とテーブル rishu の自然結合を求める。

（3） 学生証番号が等しいの条件の下で，テーブル gakusei とテーブル rishu の等結合を求めて，さらに科目番号が等しいの条件の下で，テーブル kamoku との等結合を求める。ただし，以下の項目のみを表示するものとする。

　学生の氏名漢字，科目の科目名，教室，曜日，時限

（4） テーブル gakusei とテーブル rishu とテーブル kamoku の自然結合を求める。ただし，以下の項目のみを表示するものとする。

　学生の氏名漢字，科目の科目名，教室，曜日，時限

---

**SQL 命令文**

```
#小問1
SELECT * FROM gakusei INNER JOIN rishu ON gakusei.gakuseino
= rishu.gakuseino;
#小問2
SELECT * FROM gakusei NATURAL INNER JOIN rishu;
#小問3
SELECT gakusei.namae, kamoku.kamokumei, kamoku.kyoushitsu,
kamoku.youbi, kamoku.jigen FROM gakusei INNER JOIN rishu ON
gakusei.gakuseino = rishu.gakuseino INNER JOIN kamoku ON rishu.
kamokuno = kamoku.kamokuno;
#小問4
```

```
8:  SELECT gakusei.namae, kamoku.kamokumei, kamoku.kyoushitsu,
    kamoku.youbi, kamoku.jigen FROM gakusei natural INNER JOIN
    rishu natural INNER JOIN kamoku;
```

〔ファイル名：ch4ex3.sql〕

**《SQL 命令文の解説》**

2: 学生証番号が等しいの条件の下で，テーブル学生とテーブル履修の内部結合演算を行う，演算結果の全件データを表示する。

4: テーブル gakusei とテーブル rishu の自然結合演算を行う，演算結果の全件データを表示する。

6: 学生証番号が等しいの条件の下で，テーブル学生とテーブル履修の内部結合を求めて，さらに科目番号が等しいの条件の下で，テーブル kamoku との等結合演算を行う。演算の結果から要求された項目のみを表示する。

8: テーブル gakusei とテーブル rishu とテーブル kamoku の自然結合演算を行う。演算の結果から要求された項目のみを表示する。

**実行結果**

```
mysql> mysql> #小問1
mysql> SELECT * FROM gakusei INNER JOIN rishu ON gakusei.gakuseino
= rishu.gakuseino;
+-----------+----------+-------------+-----------+----------+
| gakuseino | namae    | kana        | gakuseino | kamokuno |
+-----------+----------+-------------+-----------+----------+
| 80AB0001  | 田中花子 | たなかはなこ | 80AB0001  | C110     |
| 80AB0001  | 田中花子 | たなかはなこ | 80AB0001  | C212     |
| 80AB0001  | 田中花子 | たなかはなこ | 80AB0001  | T1022    |
| 80AB0001  | 田中花子 | たなかはなこ | 80AB0001  | C321     |
| 80AB0001  | 田中花子 | たなかはなこ | 80AB0001  | T1211    |
| 80AB0002  | 山田聡   | やまださとし | 80AB0002  | C211     |
| 80AB0002  | 山田聡   | やまださとし | 80AB0002  | C110     |
| 80AB0002  | 山田聡   | やまださとし | 80AB0002  | C321     |
| 80AB0002  | 山田聡   | やまださとし | 80AB0002  | T1211    |
| 80AB0002  | 山田聡   | やまださとし | 80AB0002  | T1023    |
| 80AB0003  | 佐藤美那子 | さとうみなこ | 80AB0003  | C211     |
| 80AB0003  | 佐藤美那子 | さとうみなこ | 80AB0003  | C110     |
| 80AB0003  | 佐藤美那子 | さとうみなこ | 80AB0003  | T1212    |
| 80AB0003  | 佐藤美那子 | さとうみなこ | 80AB0003  | C321     |
| 80AB0003  | 佐藤美那子 | さとうみなこ | 80AB0003  | T1023    |
| 80AB0004  | 鈴木博   | すずきひろし | 80AB0004  | C211     |
| 80AB0004  | 鈴木博   | すずきひろし | 80AB0004  | C111     |
```

```
| 80AB0004   | 鈴木博      | すずきひろし   | 80AB0004   | C322       |
| 80AB0004   | 鈴木博      | すずきひろし   | 80AB0004   | T1212      |
| 80AB0004   | 鈴木博      | すずきひろし   | 80AB0004   | T1023      |
+------------+------------+--------------+------------+------------+
20 rows in set (0.00 sec)

mysql> #小問2
mysql> SELECT * FROM gakusei natural INNER JOIN rishu;
+------------+------------+--------------+------------+
| gakuseino  | namae      | kana         | kamokuno   |
+------------+------------+--------------+------------+
| 80AB0001   | 田中花子    | たなかはなこ   | C110       |
| 80AB0001   | 田中花子    | たなかはなこ   | C212       |
| 80AB0001   | 田中花子    | たなかはなこ   | T1022      |
| 80AB0001   | 田中花子    | たなかはなこ   | C321       |
| 80AB0001   | 田中花子    | たなかはなこ   | T1211      |
| 80AB0002   | 山田聡      | やまださとし   | C211       |
| 80AB0002   | 山田聡      | やまださとし   | C110       |
| 80AB0002   | 山田聡      | やまださとし   | C321       |
| 80AB0002   | 山田聡      | やまださとし   | T1211      |
| 80AB0002   | 山田聡      | やまださとし   | T1023      |
| 80AB0003   | 佐藤美那子   | さとうみなこ   | C211       |
| 80AB0003   | 佐藤美那子   | さとうみなこ   | C110       |
| 80AB0003   | 佐藤美那子   | さとうみなこ   | T1212      |
| 80AB0003   | 佐藤美那子   | さとうみなこ   | C321       |
| 80AB0003   | 佐藤美那子   | さとうみなこ   | T1023      |
| 80AB0004   | 鈴木博      | すずきひろし   | C211       |
| 80AB0004   | 鈴木博      | すずきひろし   | C111       |
| 80AB0004   | 鈴木博      | すずきひろし   | C322       |
| 80AB0004   | 鈴木博      | すずきひろし   | T1212      |
| 80AB0004   | 鈴木博      | すずきひろし   | T1023      |
+------------+------------+--------------+------------+
20 rows in set (0.00 sec)

mysql> #小問3
mysql> SELECT gakusei.namae, kamoku.kamokumei, kamoku.kyoushitsu,
kamoku.youbi, kamoku.jigen FROM gakusei INNER JOIN rishu ON gakusei.
gakuseino = rishu.gakuseino INNER JOIN kamoku ON rishu.kamokuno =
kamoku.kamokuno;
+------------+------------------------+------------+-------+-------+
| namae      | kamokumei              | kyoushitsu | youbi | jigen |
+------------+------------------------+------------+-------+-------+
| 田中花子    | ネットワーク基礎          | 2111       | 火    | 1     |
| 田中花子    | データベース             | 1203       | 月    | 2     |
| 田中花子    | 英語1                   | 3221       | 火    | 2     |
```

```
| 田中花子     | プロジェクト1              | 1211       | 水     | 3     |
| 田中花子     | 体育1                      | 体育館     | 木     | 3     |
| 山田聡       | オペレーティングシステム   | 1203       | 月     | 3     |
| 山田聡       | ネットワーク基礎           | 2111       | 火     | 1     |
| 山田聡       | プロジェクト1              | 1211       | 水     | 3     |
| 山田聡       | 体育1                      | 体育館     | 木     | 3     |
| 山田聡       | 英語2                      | 3221       | 金     | 2     |
| 佐藤美那子   | オペレーティングシステム   | 1203       | 月     | 3     |
| 佐藤美那子   | ネットワーク基礎           | 2111       | 火     | 1     |
| 佐藤美那子   | 体育2                      | グランド   | 火     | 2     |
| 佐藤美那子   | プロジェクト1              | 1211       | 水     | 3     |
| 佐藤美那子   | 英語2                      | 3221       | 金     | 2     |
| 鈴木博       | オペレーティングシステム   | 1203       | 月     | 3     |
| 鈴木博       | プログラミング入門         | 2111       | 火     | 2     |
| 鈴木博       | プロジェクト2              | 1212       | 水     | 4     |
| 鈴木博       | 体育2                      | グランド   | 火     | 2     |
| 鈴木博       | 英語2                      | 3221       | 金     | 2     |
+------------+--------------------------+-------------+-------+-------+
20 rows in set (0.00 sec)

mysql> #小問4
mysql> SELECT gakusei.namae, kamoku.kamokumei, kamoku.kyoushitsu,
kamoku.youbi, kamoku.jigen FROM gakusei NATURAL INNER JOIN rishu
NATURAL INNER JOIN kamoku;
+------------+--------------------------+-------------+-------+-------+
| namae      | kamokumei                | kyoushitsu  | youbi | jigen |
+------------+--------------------------+-------------+-------+-------+
| 田中花子     | ネットワーク基礎           | 2111       | 火     | 1     |
| 田中花子     | データベース               | 1203       | 月     | 2     |
| 田中花子     | 英語1                      | 3221       | 火     | 2     |
| 田中花子     | プロジェクト1              | 1211       | 水     | 3     |
| 田中花子     | 体育1                      | 体育館     | 木     | 3     |
| 山田聡       | オペレーティングシステム   | 1203       | 月     | 3     |
| 山田聡       | ネットワーク基礎           | 2111       | 火     | 1     |
| 山田聡       | プロジェクト1              | 1211       | 水     | 3     |
| 山田聡       | 体育1                      | 体育館     | 木     | 3     |
| 山田聡       | 英語2                      | 3221       | 金     | 2     |
| 佐藤美那子   | オペレーティングシステム   | 1203       | 月     | 3     |
| 佐藤美那子   | ネットワーク基礎           | 2111       | 火     | 1     |
| 佐藤美那子   | 体育2                      | グランド   | 火     | 2     |
| 佐藤美那子   | プロジェクト1              | 1211       | 水     | 3     |
| 佐藤美那子   | 英語2                      | 3221       | 金     | 2     |
| 鈴木博       | オペレーティングシステム   | 1203       | 月     | 3     |
| 鈴木博       | プログラミング入門         | 2111       | 火     | 2     |
| 鈴木博       | プロジェクト2              | 1212       | 水     | 4     |
```

```
| 鈴木博      | 体育2                   | グランド    | 火     | 2      |
| 鈴木博      | 英語2                   | 3221        | 金     | 2      |
+------------+------------------------+------------+-------+-------+
20 rows in set (0.00 sec)
```

**《実行結果の解説》**

（1） 二つのテーブルの内部結合による等結合では，演算結果には双方の gakusei-no の列が残っている。

（2） 二つのテーブルの自然結合では，演算結果には重複の列が最初から存在しない。

（3） 等結合演算を 2 回行えば，三つの表の結合ができる。必要な列名を指定して演算結果を表示した。

（4） 自然結合演算を 2 回行えば，三つの表の結合ができる。必要な列名を指定して演算結果を表示した。

## 演 習 問 題

**【4.1】** 4.2 節で作成したデータベース jikanwaribase を用いて，学生別受講科目一覧表を表示せよ。ただし，学生 1 名につき，一つの SQL 命令文で表示する。

（1） 学生 1 名ずつの受講科目一覧表（ソートなし）

（2） 学生 1 名ずつの受講科目一覧表（曜日の昇順と時限の昇順でソート）

**〈補足〉** 曜日の値が日本語表記の場合は，「…ORDER BY …」の結果は，漢字の文字コードの順番になるので，通常の曜日の順番と異なる。例えば，テーブル kamoku を曜日順に表示するには，以下のような工夫が必要となる。

```
SELECT youbi FROM kamoku ORDER BY CASE youbi when '日' then 1 when
'月' then 2 when '火' then 3 when '水' then 4 when '木' then 5 when '金' then 6
when '土' then 7 END;
```

**【4.2】** 4.2 節で作成したデータベース jikanwaribase を用いて，受講学生の受講単位数が 10 単位超える学生の学生証番号，氏名漢字，合計単位数のデータを表示せよ。

# 5

# Python による MySQL プログラム

2，3，4 章では，コマンドプロンプト環境を使用して，データベースの作成および各種問い合わせを行う SQL 命令文について解説してきた。この章では，Python プログラム環境からも，同じく SQL 命令文が実行できることについて解説する。まずは，準備として，Python から MySQL データベースサーバーに接続するプログラムの書き方を示す。その上で，2，3，4 章に示した SQL 命令文による各種処理を，Python プログラムから行い，その実現手法について解説する。

## 5.1 プログラム例

### ― Python から MySQL データベースに接続する ―

Python のプログラムから SQL 命令文を実行するために，まず MySQL データベースサーバーに接続する必要がある。最初の接続処理を行うプログラム例を以下に示す。なお，接続するためのアカウント情報を事前に用意しなければならない。

---

**【例題 5.1】** 下記仕様要求を実現する Python プログラムを作成せよ。

**仕様要求**

MySQL データベースサーバーへの接続を行い，その結果を表示する。

---

**ソースコード**

```
# MySQL サーバーへ接続
import mysql.connector

config = {
        'user': 'root',
        'password': 'rootmysql',
        'host': 'localhost'
```

```
 8:           }
 9:
10:  # try ～ except 文でエラー対処
11:  try:
12:      dbconnector = mysql.connector.connect(**config)
13:
14:  # 例外が発生の場合，エラーメッセージを表示
15:  except mysql.connector.Error as errmsg:
16:      print('MySQL サーバーへの接続が失敗しました。')
17:      print('エラーメッセージ：', errmsg)
18:
19:  # 成功した場合，メッセージを表示，接続を切断
20:  else:
21:      print('MySQL サーバーへの接続が成功しました。')
22:      dbconnector.close()
```

〔ファイル名：ch5ex1.py〕

**《ソースコードの解説》**

2: MySQL に接続するためのライブラリを読み込む。

4～8: MySQL サーバーに接続するためのアカウント情報を記述する。

11～22: try A except B else C 文。A 作業をトライして，例外発生時に B の処理，正常時に C の処理を行う。

11～12: 所定のアカウント情報を使って，MySQL サーバーに接続することをトライする。

15～17: 例外発生時の処理。エラーメッセージを表示する。

20～22: 正常時接続できた時の処理。成功のメッセージを表示して，接続を切断する。

接続成功 **実行結果**

```
(base) C:¥Users¥fujino¥python3user¥MySQL>python ch5ex1.py
MySQL サーバーへの接続が成功しました。
```

接続失敗（パスワードが正しくない場合） **実行結果**

```
(base) (base) C:¥Users¥fujino¥python3user¥MySQL>python ch5ex1.py
MySQL サーバーへの接続が失敗しました。
エラーメッセージ： 1045 (28000): Access denied for user 'root'@'
localhost' (using password: YES)
```

**《実行結果の解説》**

正常に接続できたとき，予期された動作が確認できる。また例外発生時も，予期された動作が確認できる。

## 5.2 プログラム例
### ― データベースを作成する ―

Python のプログラムから MySQL データベースサーバーに接続することができたら，SQL 命令文を発行して，データベースの操作を行うことができるようになる。データベースを作成するプログラム例を以下に示す。

---

**【例題 5.2】**　下記仕様要求を実現する Python プログラムを作成せよ。

**仕様要求**

（1）　MySQL サーバーへの接続を行う。

（2）　データベース sampledb を作成する。

（3）　サーバーにあるデータベース一覧を取得し，それを表示する。

---

**ソースコード**

```
# MySQL サーバーにデータベースを作成
import mysql.connector

config = {
          'user': 'root',
          'password': 'rootmysql',
          'host': 'localhost'
          }

# try 〜 except 文でエラー対処
try:
    dbconnector = mysql.connector.connect(**config)

# 例外が発生の場合，エラーメッセージを表示
except mysql.connector.Error as errmsg:
    print('データベースサーバーへの接続が失敗しました。')
    print('エラーメッセージ：', errmsg)
    exit(1)
```

```
19:
20: # cursor オブジェクトの生成
21: cursor = dbconnector.cursor()
22:
23: # SQL 命令を実行
24: cursor.execute("DROP DATABASE IF EXISTS sampledb")
25: cursor.execute('CREATE DATABASE sampledb')
26: cursor.execute('SHOW databases')
27:
28: # 実行結果データを取得、表示
29: tuples = cursor.fetchall()
30: for tpl in tuples:
31:     print(tpl[0])
32:
33: #コミットする。(実際に MySQL に保存する)
34: dbconnector.commit()
35: #接続を切断
36: dbconnector.close()
```

〔ファイル名：ch5ex2.txt〕

### 《ソースコードの解説》

2: MySQL にアクセスするためのライブラリを読み込む。

4～8: MySQL サーバーに接続するためのアカウント情報を記述する。

11～22: try A except B else C 文。A 作業をトライして，例外発生時に B の処理，正常時に C の処理を行う。

11～12: 所定のアカウント情報を使って，MySQL サーバーに接続することをトライする。

15～18: 例外発生時の処理。エラーメッセージを表示して終了する。

21: カーソルオブジェクトを作成する。

24: カーソルで SQL 命令文「DROP DATABASE IF EXISTS sampledb」を実行する。データベース sampledb が存在するならば，それをいったん削除する。

25: カーソルで SQL 命令文「CREATE DATABASE sampledb」を実行する。データベース sampledb を生成する。

26: カーソルで SQL 命令文「SHOW databases」を実行する。サーバー内にあるデータベースの一覧を表示する。

29: カーソルから実行結果を取得して，tuples に代入する。

30～31: tuples の中身を表示する。

34: MySQL サーバーに実際に書き込む。

36: 接続を切断する。

実行結果

```
(base) C:¥Users¥fujino¥python3user¥MySQL>python ch5ex2.py
information_schema
jikanwaribase
mysql
performance_schema
salesbase
sampledb
sys
testbase
todoufukenbase
```

《実行結果の解説》

サーバーにあるデータベースの一覧が表示され，その中には sampledb が作成されていることが確認できる。

## 5.3 プログラム例
### ― テーブルの作成とデータ入力 ―

例題 5.2 では，データベースを作成することができたので，ここでは，その続きとして，テーブルを作成して，そのテーブルにデータを入力するプログラム例を以下に示す。

---

**【例題 5.3】** 下記仕様要求を実現する Python プログラムを作成せよ。

**仕様要求**

（1） MySQL サーバーの sampledb への接続を行う。

（2） SQL 命令「テーブルを作成する」を実行する。

（3） SQL 命令「テーブルにデータ入力する」を実行する。

（4） SQL 命令「テーブルのデータを表示する」を実行する。

（5） （4）の結果を画面に表示する。

（6） サーバーにコミットする。

（7） 接続を切断する。

---

この問題について，まず基本的な解答を解答 1 に示す。そしてそれをさらに改良したものを解答 2 に示す。

**【解答 1】** 基本的な解答。SQL 命令文を 1 行ずつ投入する。

ソースコード

```
# データベースにテーブル作成
import mysql.connector

# コネクターを作成
config = {
        'host': 'localhost',
        'port': '3306',
        'user': 'root',
        'password': 'rootmysql',
        'database': 'sampledb'
        }

dbconnector = mysql.connector.connect(**config)

# 接続できているかどうか確認
if dbconnector.is_connected():
    print('データベースへの接続が成功しました。')
else:
    print('データベースへの接続が失敗しました。')
    exit(1)

# cursor オブジェクトの生成
cursor = dbconnector.cursor(buffered=True)

# 属性 id, name, gender, age を持つテーブルを作成，データ入力，問い合わせ
cursor.execute("DROP TABLE IF EXISTS memberlist;")
cursor.execute("CREATE TABLE memberlist ( mid INT, name CHAR(20), gender CHAR(10), age INT, PRIMARY KEY (mid) );")
cursor.execute("INSERT INTO memberlist VALUES ( 1, '田中花子', '女', 28);")
cursor.execute("INSERT INTO memberlist VALUES ( 2, '山田聡', '男', 32);")
cursor.execute("INSERT INTO memberlist VALUES ( 3, '佐藤美那子', '女', 21);")
cursor.execute("INSERT INTO memberlist VALUES ( 4, '鈴木博', '男', 25);")
#コミットする
dbconnector.commit()

#問い合わせ
cursor.execute("SELECT * FROM memberlist;")
# すべてのデータを取得，表示
tuples = cursor.fetchall()
```

```
39: print("テーブル memberlist のデータ：")
40: for tpl in tuples:
41:     print(tpl)
42:
43: # 接続を切断
44: dbconnector.close()
```

〔ファイル名：ch5ex3a.py〕

**《ソースコードの解説》**

2:　MySQL にアクセスするためのライブラリを読み込む。

4〜10:　MySQL サーバーに接続するための接続先とアカウント情報を記述する。ここでは，例題 5.2 で作成した sampledb を接続先に指定する。

13:　所定の接続情報を使って，MySQL サーバーに接続する。

16〜20:　接続が成功したかどうか確認する。成功した場合は，成功のメッセージを表示する。失敗した場合は，失敗のメッセージを表示して終了する。

23:　カーソルオブジェクトを作成する。

26:　カーソルで SQL 命令文「DROP TABLE IF EXISTS memberlist」を実行する。テーブル memberlist が存在するならば，それをいったん削除する。

27:　カーソルで SQL 命令文「CREATE TABLE memberlist ( mid INT, name CHAR(20), gender CHAR(10), age INT, PRIMARY KEY (mid) );」を実行する。テーブル memberlist を生成する。

28:　カーソルで SQL 命令文「INSERT INTO memberlist VALUES ( 1, '田中花子', '女', 28)"」を実行する。テーブル memberlist にデータを挿入する。

29〜31:　28 行目と同じく，ほか 3 名のデータを挿入る。

33:　MySQL サーバーに実際に変更を書き込む。

36:　カーソルで SQL 命令文「SELECT * FROM memberlist」を実行する。テーブル内にあるデータを表示する。

38:　カーソルから実行結果を取得して，tuples に代入する。

40〜41:　tuples の中身を表示する。

44:　接続を切断する。

**実行結果**

```
(base) C:¥Users¥fujino¥python3user¥MySQL>python ch5ex3a.py
データベースへの接続が成功しました。
テーブル memberlist のデータ：
(1, '田中花子', '女', 28)
(2, '山田聡', '男', 32)
```

```
(3, '佐藤美那子', '女', 21)
(4, '鈴木博', '男', 25)
```

《**実行結果の解説**》

実行結果にはテーブル memberlist の 4 件のデータが表示されている。問題の要求が実現されていることが確認できる。

**【解答 2】**　解答 1 の改良版。

改良点 1：複数行の SQL 命令文をまとめて投入する。

改良点 2：データを csv ファイルに保存して，そこから読み込んで，データベースのテーブルに書き込む。

ソースコード

```
# データベースにテーブル作成
# SQL 命令文をまとめて実行
# csv ファイルからデータを読み込む

import mysql.connector
import csv

# コネクターを作成
config = {
          'host': 'localhost',
          'port': '3306',
          'user': 'root',
          'password': 'rootmysql',
          'database': 'sampledb'
          }
dbconnector = mysql.connector.connect(**config)

# 接続できているかどうか確認
if dbconnector.is_connected():
    print('データベースへの接続が成功しました。')
else:
    print('データベースへの接続が失敗しました。')
    exit(1)

# cursor オブジェクトの生成
cursor = dbconnector.cursor(buffered=True)

# 属性 id, name, gender, age を持つテーブルを作成 , データ入力
operation = (
```

```
30:     "DROP TABLE IF EXISTS newlist;"
31:      "CREATE TABLE newlist ( mid INT, name CHAR(20), gender CHAR(10), age INT, PRIMARY KEY (mid) ); "
32: )
33:
34: # SQL命令文を実行
35: results = cursor.execute(operation, multi=True)
36: for res in results:
37:     print(res)
38:
39: operation = ("INSERT INTO newlist VALUES (%s, %s, %s, %s);")
40: seqs = []
41: with open('newlistdata.csv', encoding='utf-8') as f:
42:     reader = csv.reader(f)
43:     for row in reader:
44:         tuple=(int(row[0]), row[1], row[2], int(row[3]))
45:         seqs.append(tuple)
46:
47: #executemany()で実行する
48: cursor.executemany(operation, seqs)
49: #コミットする
50: dbconnector.commit()
51:
52: #問い合わせ
53: cursor.execute("SELECT * FROM newlist")
54: # 問い合わせ結果の全てのデータを取得、表示
55: tuples = cursor.fetchall()
56: print("テーブルnewlistのデータ：")
57: for tpl in tuples:
58:     print(tpl)
59:
60: #接続を切断
61: dbconnector.close()
```

〔ファイル名：ch5ex3b.py〕

**データファイル**

```
1, 田中花子 , 女 , 28
2, 山田聡 , 男 , 32
3, 佐藤美那子 , 女 , 21
4, 鈴木博 , 男 , 25
```

〔ファイル名：newlistdata.csv〕

**《ソースコードの解説》**

5: MySQLにアクセスするためのライブラリを読み込む。

6:　csv ファイル用のライブラリを読み込む。

8～26:　解答 1 の 5～23 行と同じなので，ここでは省略する。

29～32:　つぎにまとめて実行する SQL 命令文を用意して，operation に代入しておく。中身は，解答 1 の 26，27 行で実行した SQL 命令文と同じ。ただし，テーブル名を newlist に変更した。

35:　用意された operation を実行して，その結果を results に代入する。

36～37:　results の中身を表示する。

39:　つぎに実行する SQL 命令文を用意する。今回の SQL 命令は以下の通りである。ただし，%s のところに，命令の実行時に，データが代入される。
　INSERT INTO newlist VALUES (%s, %s, %s, %s);

40～45:　ファイル newlistdata.csv からデータを読み込んで，INSERT 文を実行するためのデータ seqs を作成する。

48:　用意された operation を実行する。ここでは excute.many( ) 関数を呼び出して，データをまとめたリスト seqs を，操作 operation に渡して実行した。

50:　MySQL サーバーに実際に変更を書き込む。

52～61:　解答 1 の 35～44 行と同じなので，ここでは省略する。

**実行結果**

```
(base) C:¥Users¥fujino¥python3user¥MySQL>python ch5ex3b.py
CMySQLCursorBuffered: DROP TABLE IF EXISTS newlist
CMySQLCursorBuffered: CREATE TABLE newlist (mid INT, name CHA...
テーブル newlist のデータ：
(1, '田中花子', '女', 28)
(2, '山田聡', '男', 32)
(3, '佐藤美那子', '女', 21)
(4, '鈴木博', '男', 25)
```

**《実行結果の解説》**

実行結果にはテーブル newlist の 4 件のデータが表示されている。問題の要求が実現されていることが確認できる。

このようなやり方を用いると，テーブルのデータを変更するとき，プログラムのソースコード変更することなく，データファイルのみの変更で対応できるようになる。

## 5.4 プログラム例
### ― 簡単な問い合わせ ―

これまでに，Python のプログラムから，データベースの作成，テーブルの作成およびデータの入力を行う処理を実現することができた。ここからは，もう少し前に進めて，テーブルに対して問い合わせを行い必要のデータを抽出するプログラム例を示す。

---

**【例題 5.4】** 下記仕様要求を実現する Python プログラムを作成せよ。

**仕様要求**

（1） MySQL サーバーの sampledb への接続を行う。

（2） 問い合わせ 1「SELECT name, age FROM memberlist WHERE gender='女' AND age<=25」を実行する。

（3） （2）の結果を画面に表示する。

（4） 問い合わせ 2「SELECT name, age FROM memberlist ORDER BY age DESC」を実行する。

（5） （4）の結果を画面に表示する。

（6） 接続を切断する。

なお，データベース sampledb にあるテーブル memberlist は例題 5.1 で作成されたものとする。

---

**ソースコード**

```
# 簡単な問い合わせ

import mysql.connector

# コネクターを作成
config = {
        'host': 'localhost',
        'port': '3306',
        'user': 'root',
        'password': 'rootmysql',
        'database': 'sampledb'
        }
dbconnector = mysql.connector.connect(**config)

# 接続できているかどうか確認
if dbconnector.is_connected():
    print('データベースへの接続が成功しました。')
```

```
18: else:
19:     print('データベースへの接続が失敗しました。')
20:     exit(1)
21:
22: # cursor オブジェクトの生成
23: cursor = dbconnector.cursor(buffered=True)
24:
25: #問い合わせ 1
26: cursor.execute("SELECT name, age FROM memberlist WHERE gender
    ='女' and age<=25")
27: # 問い合わせ結果の全てのデータを取得、表示
28: tuples = cursor.fetchall()
29: print("問い合わせ 1 の結果：")
30: for tpl in tuples:
31:     print(tpl)
32:
33: #問い合わせ 2
34: cursor.execute("SELECT name, age  FROM memberlist ORDER BY
    age DESC")
35: # 問い合わせ結果の全てのデータを取得、表示
36: tuples = cursor.fetchall()
37: print("問い合わせ 2 の結果：")
38: for tpl in tuples:
39:     print(tpl)
40:
41: #接続を切断
42: dbconnector.close()
```

〔ファイル名：ch5ex4.py〕

### 《ソースコードの解説》

2〜23:　解答 1ch5ex3a.py の 2〜23 行と同じなので，ここでは省略する。

26:　カーソルで SQL 命令文「SELECT name, age FROM memberlist WHERE gender ='女' and age<=25」を実行する。

29:　カーソルから実行結果を取得して，tuples に代入する。

30〜31:　tuples の中身を表示する。

26:　カーソルで SQL 命令文「SELECT name, age  FROM memberlist ORDER BY age DESC」を実行する。

29:　カーソルから実行結果を取得して，tuples に代入する。

30〜31:　tuples の中身を表示する。

42:　接続を切断する。

実行結果

```
(base) C:¥Users¥fujino¥python3user¥MySQL>python ch5ex4.py
データベースへの接続が成功しました。
問い合わせ 1 の結果：
('佐藤美那子', 21)
問い合わせ 2 の結果：
('山田聡', 32)
('田中花子', 28)
('鈴木博', 25)
('佐藤美那子', 21)
```

**《実行結果の解説》**

このプログラムは，既存のテーブル memberlist に対する二つの問い合わせを行った。その結果が以下のように確認できる。

問い合わせ 1 は，女性で年齢が 25 歳以下のメンバーを表示するもので，その結果は佐藤美那子（21 歳）の一件のみとなった。

問い合わせ 2 は，全データを年齢の降順で整列して表示するもので，その結果は要求通りに表示された。

## 5.5 プログラム例
## ── 結合演算を用いた問い合わせ ──

前節の簡単な問い合わせのプログラム実現に続いて，ここでは，結合演算を用いた問い合わせを行い，データを抽出するプログラム例を示す。

---

**【例題 5.5】** 4 章で作成されたデータベース jikanwaribase について，下記仕様要求を実現する Python プログラムを作成せよ。

**仕様要求**

（1） MySQL サーバーの jikawaribase への接続を行う。

（2） 例題 4.2 の問い合わせをタプル operations にセットする。

（3） operations に対して，以下の処理を繰り返す：

　（ア） 問い合わせを実行する。

　（イ） （ア）の結果を画面に表示する。

（4） 接続を切断する。

---

ソースコード

```
# 結合を用いた問い合わせ
# 繰り返しによる複数問い合わせの実行と表示

import mysql.connector

# コネクターを作成
config = {
        'host': 'localhost',
        'port': '3306',
        'USEr': 'root',
        'password': 'rootmysql',
        'database': 'jikanwaribase'
        }
dbconnector = mysql.connector.connect(**config)

# 接続できているかどうか確認
if dbconnector.is_connected():
    print('データベースへの接続が成功しました。')
else:
    print('データベースへの接続が失敗しました。')
    exit(1)

# cursor オブジェクトの生成
cursor = dbconnector.cursor(buffered=True)

operations=(
"SELECT * FROM gakusei INNER JOIN rishu ON gakusei.gakuseino = rishu.gakuseino;",
"SELECT * FROM gakusei natural INNER JOIN rishu;",
"SELECT gakusei.namae, kamoku.kamokumei, kamoku.kyoushitsu, kamoku.youbi, kamoku.jigen FROM gakusei INNER JOIN rishu ON gakusei.gakuseino = rishu.gakuseino INNER JOIN kamoku ON rishu.kamokuno = kamoku.kamokuno;",
"SELECT gakusei.namae, kamoku.kamokumei, kamoku.kyoushitsu, kamoku.youbi, kamoku.jigen FROM gakusei natural INNER JOIN rishu natural INNER JOIN kamoku;"
)

# 問い合わせの実行と結果表示
for no, operation in enumerate(operations):
    # 問い合わせの実行
    cursor.execute(operation)
    # 問い合わせ結果の全てのデータを取得、表示
    print("問い合わせ"+str(no+1)+"：")
    print(operation)
```

```
40:        print("問い合わせ"+str(no+1)+"の結果：")
41:        tuples = cursor.fetchall()
42:        for tpl in tuples:
43:            print(tpl)
44:
45:  # 接続を切断
46:  dbconnector.close()
```

〔ファイル名：ch5ex5.py〕

### 《ソースコードの解説》

4～24：　例題 5.3 の解答 1 ch5ex3a.py の 2～23 行と同じなので，ここでは省略する。

26～31：　つぎにまとめて実行する SQL 命令文を用意して，タプル operations に代入しておく。その中身は，例題 4.2 で使用した SQL 命令文である。

34～43：　繰り返し文を用いて，タプル operations の要素を順次に実行して，その結果を表示する。

34：　繰り返し文の先頭行。タプル operations の要素を取り出して operation とするる。また。enumerate を用いて，各要素に番号を付けて，それを no とする。

36：　cursor で operation を実行する。

38～39：　実行した問い合わせを表示する。

40：　問い合わせの実行結果を取得する。

41～43：　取得した問い合わせの実行結果を表示する。

46：　接続を切断する。

**実行結果**

```
(base) C:¥Users¥fujino¥python3user¥Database>python ch5ex5.py
データベースへの接続が成功しました。
問い合わせ 1：
SELECT * FROM gakusei INNER JOIN rishu ON gakusei.gakuseino =
rishu.gakuseino;
問い合わせ 1 の結果：
('80AB0001', '田中花子', 'たなかはなこ', '80AB0001', 'C110')
('80AB0001', '田中花子', 'たなかはなこ', '80AB0001', 'C212')
('80AB0001', '田中花子', 'たなかはなこ', '80AB0001', 'T1022')
('80AB0001', '田中花子', 'たなかはなこ', '80AB0001', 'C321')
('80AB0001', '田中花子', 'たなかはなこ', '80AB0001', 'T1211')
('80AB0002', '山田聡', 'やまださとし', '80AB0002', 'C211')
('80AB0002', '山田聡', 'やまださとし', '80AB0002', 'C110')
('80AB0002', '山田聡', 'やまださとし', '80AB0002', 'C321')
('80AB0002', '山田聡', 'やまださとし', '80AB0002', 'T1211')
('80AB0002', '山田聡', 'やまださとし', '80AB0002', 'T1023')
('80AB0003', '佐藤美那子', 'さとうみなこ', '80AB0003', 'C211')
```

```
('80AB0003', '佐藤美那子', 'さとうみなこ', '80AB0003', 'C110')
('80AB0003', '佐藤美那子', 'さとうみなこ', '80AB0003', 'T1212')
('80AB0003', '佐藤美那子', 'さとうみなこ', '80AB0003', 'C321')
('80AB0003', '佐藤美那子', 'さとうみなこ', '80AB0003', 'T1023')
('80AB0004', '鈴木博', 'すずきひろし', '80AB0004', 'C211')
('80AB0004', '鈴木博', 'すずきひろし', '80AB0004', 'C111')
('80AB0004', '鈴木博', 'すずきひろし', '80AB0004', 'C322')
('80AB0004', '鈴木博', 'すずきひろし', '80AB0004', 'T1212')
('80AB0004', '鈴木博', 'すずきひろし', '80AB0004', 'T1023')
問い合わせ2：
SELECT * FROM gakusei natural INNER JOIN rishu;
問い合わせ2の結果：
('80AB0001', '田中花子', 'たなかはなこ', 'C110')
('80AB0001', '田中花子', 'たなかはなこ', 'C212')
('80AB0001', '田中花子', 'たなかはなこ', 'T1022')
('80AB0001', '田中花子', 'たなかはなこ', 'C321')
('80AB0001', '田中花子', 'たなかはなこ', 'T1211')
('80AB0002', '山田聡', 'やまださとし', 'C211')
('80AB0002', '山田聡', 'やまださとし', 'C110')
('80AB0002', '山田聡', 'やまださとし', 'C321')
('80AB0002', '山田聡', 'やまださとし', 'T1211')
('80AB0002', '山田聡', 'やまださとし', 'T1023')
('80AB0003', '佐藤美那子', 'さとうみなこ', 'C211')
('80AB0003', '佐藤美那子', 'さとうみなこ', 'C110')
('80AB0003', '佐藤美那子', 'さとうみなこ', 'T1212')
('80AB0003', '佐藤美那子', 'さとうみなこ', 'C321')
('80AB0003', '佐藤美那子', 'さとうみなこ', 'T1023')
('80AB0004', '鈴木博', 'すずきひろし', 'C211')
('80AB0004', '鈴木博', 'すずきひろし', 'C111')
('80AB0004', '鈴木博', 'すずきひろし', 'C322')
('80AB0004', '鈴木博', 'すずきひろし', 'T1212')
('80AB0004', '鈴木博', 'すずきひろし', 'T1023')
問い合わせ3：
SELECT gakusei.namae, kamoku.kamokumei, kamoku.kyoushitsu, kamoku.
youbi, kamoku.jigen FROM gakusei INNER JOIN rishu ON gakusei.gakuseino
= rishu.gakuseino INNER JOIN kamoku ON rishu.kamokuno = kamoku.
kamokuno;
問い合わせ3の結果：
('田中花子', 'ネットワーク基礎', '2111', '火', '1')
('田中花子', 'データベース', '1203', '月', '2')
('田中花子', '英語1', '3221', '火', '2')
('田中花子', 'プロジェクト1', '1211', '水', '3')
('田中花子', '体育1', '体育館', '木', '3')
('山田聡', 'オペレーティングシステム', '1203', '月', '3')
('山田聡', 'ネットワーク基礎', '2111', '火', '1')
```

```
('山田聡', 'プロジェクト1', '1211', '水', '3')
('山田聡', '体育1', '体育館', '木', '3')
('山田聡', '英語2', '3221', '金', '2')
('佐藤美那子', 'オペレーティングシステム', '1203', '月', '3')
('佐藤美那子', 'ネットワーク基礎', '2111', '火', '1')
('佐藤美那子', '体育2', 'グランド', '火', '2')
('佐藤美那子', 'プロジェクト1', '1211', '水', '3')
('佐藤美那子', '英語2', '3221', '金', '2')
('鈴木博', 'オペレーティングシステム', '1203', '月', '3')
('鈴木博', 'プログラミング入門', '2111', '火', '2')
('鈴木博', 'プロジェクト2', '1212', '水', '4')
('鈴木博', '体育2', 'グランド', '火', '2')
('鈴木博', '英語2', '3221', '金', '2')
問い合わせ4：
SELECT gakusei.namae, kamoku.kamokumei, kamoku.kyoushitsu, kamoku.
youbi, kamoku.jigen FROM gakusei natural INNER JOIN rishu natural
INNER JOIN kamoku;
問い合わせ4の結果：
('田中花子', 'ネットワーク基礎', '2111', '火', '1')
('田中花子', 'データベース', '1203', '月', '2')
('田中花子', '英語1', '3221', '火', '2')
('田中花子', 'プロジェクト1', '1211', '水', '3')
('田中花子', '体育1', '体育館', '木', '3')
('山田聡', 'オペレーティングシステム', '1203', '月', '3')
('山田聡', 'ネットワーク基礎', '2111', '火', '1')
('山田聡', 'プロジェクト1', '1211', '水', '3')
('山田聡', '体育1', '体育館', '木', '3')
('山田聡', '英語2', '3221', '金', '2')
('佐藤美那子', 'オペレーティングシステム', '1203', '月', '3')
('佐藤美那子', 'ネットワーク基礎', '2111', '火', '1')
('佐藤美那子', '体育2', 'グランド', '火', '2')
('佐藤美那子', 'プロジェクト1', '1211', '水', '3')
('佐藤美那子', '英語2', '3221', '金', '2')
('鈴木博', 'オペレーティングシステム', '1203', '月', '3')
('鈴木博', 'プログラミング入門', '2111', '火', '2')
('鈴木博', 'プロジェクト2', '1212', '水', '4')
('鈴木博', '体育2', 'グランド', '火', '2')
('鈴木博', '英語2', '3221', '金', '2')
```

**《実行結果の解説》**

このプログラムは，データベース jikanwaribase 対して，四つの問い合わせを行った。各問い合わせの命令文とその実行結果が表示されている。また，各命令文の実行結果が例題 4.2 と同じであることが確認できる。

## 演　習　問　題

**【5.1】** 下記仕様要求を実現する Python プログラムを作成せよ。

**仕様要求**

（1） MySQL サーバーへの接続を行う。
（2） データベース newtodoufukenbase を作成する。
（3） newtodoufukenbase の中に演習問題【2.1】の仕様にしたがって，テーブル todoufuken を作成する。
（4） テーブル todoufuken の構成を表示する。
（5） 接続を切断する。

**【5.2】** 下記仕様要求を実現する Python プログラムを作成せよ。

**仕様要求**

（1） MySQL サーバーのデータベース newtodoufukenbase への接続を行う。
（2） 演習問題【2.1】の都道府県データをテーブル todoufuken に追加する。
（3） テーブル todoufuken の全データを表示する。
（4） 接続を切断する。

**【5.3】** 下記仕様要求を実現する Python プログラムを作成せよ。

**仕様要求**

（1） MySQL サーバーのデータベース newtodoufukenbase への接続を行う。
（2） テーブル todoufuken に対し以下の問い合わせを行い，その結果を表示する。
　（ア） 都道府県データを人口の昇順で並べ替え，全項目の全件を表示する。
　（イ） 都道府県データを面積の降順で並べ替え，全項目の全件を表示する。
　（ウ） 都道府県データを人口の昇順で並べ替え，上位の 10 件を表示する。
　（エ） 都道府県データを人口の昇順で並べ替え，4 件目から 5 件を表示する。
　（オ） 都道府県データを面積の降順で並べ替え，上位の 10 件を表示する。
　（カ） 都道府県データを面積の降順で並べ替え，4 件目から 5 件を表示する。
（3） 接続を切断する。

**【5.4】** 下記仕様要求を実現する Python プログラムを作成せよ。

**仕様要求**

（1） MySQL サーバーのデータベース jikanwaribase への接続を行う。
（2） 以下の問い合わせを行って，その結果を表示する。
　（ア） 受講学生 1 名ずつの受講科目一覧表（学生証番号，氏名漢字，科目名，教員，単位，曜日，時限を表示する。また，曜日の昇順と時限の昇順でソートする）
　（イ） 受講学生 1 名ずつの合計の単位数（学生証番号，氏名漢字，合計単位数を表示する）
（3） 接続を切断する。

# 6

# データベース設計の基本

2，3，4章では，コマンドプロンプト環境を使用して，データベースの作成および各種問い合わせを行うSQL命令文について解説してきた。そして，5章では，Python言語によるSQLのプログラムの作成と実行について，例題を用いて詳しく解説した。これからの6章と7章では，データベースの設計問題に取り組んでいく。**設計問題**とは，実務におけるデータの利用場面を分析して，それにデータベースを導入するために，どのようにしてデータベースを構成する問題である。この章では，データベース設計の基本について解説し，簡単な設計例を用いて，理解を深めていく。

## 6.1 データベースの設計プロセス

データベースの設計は，全体的に見ると以下の3段階からなる。

**（1） 概念設計**　概念設計では，実世界にある業務をデータモデルに対応させ，データの冗長性がないかつデータの一貫性が保たれるように，データベース構造を決定する。

**（2） 論理設計**　論理設計では，概念設計で得られた結果を，データベースを構築するために必要な情報を，実際に使用するデータベース管理システムにおいて利用可能となる論理的な記述に変換する。

**（3） 物理設計**　物理設計では，論理設計で得られた結果を，実際にデータベースのデータ保管装置に，物理的に格納したり管理したりするために必要な構造に変換する。

最近のデータベース管理システムでは，物理的なシステムへの配置は自動的に行われるので，通常ユーザーは考えなくても済む。データベースのエンジニアには，特に概念設計と論理設計に関わるスキルが要求される。概念設計と論理設計の方法については，大別にして，おもに以下の2種類のアプローチがある。

（1） **トップダウンアプローチ**　　トップダウンアプローチでは，実世界の業務を分析し，実際に存在する**オブジェクト**（対象物）から実体および関連（実体と実体の間の関係）を概念的に抜き出して，実体関連図（ER図）を用いてそれを表す。その上で，ER図にしたがって，データベースのスキームを構成していく。

（2） **ボトムアップアプローチ**　　ボトムアップアプローチでは，実際に業務使われる伝票や帳票類を調査し，表を用いてそれを表す。そこから正規化と呼ばれるの手順を踏んで，必要な表と各表のデータ項目を洗い出し，データベースのスキームを構成していく。

次節からは，まずトップダウンアプローチの基本技術のERモデルについて解説し，それを用いる設計例を示す。7章では，ボトムアップアプローチの基本技術の正規化について解説し，それを用いる設計例を示す。

## 6.2 実体関連（ER）モデル

**実体関連モデル**（ERM：entity-relationship model）とは，実世界にある**オブジェクト**（対象物）を抽象化し，その定義データをまとめて記述する方式の一つである。実体関連モデルでは，実世界の構成を**実体**（entity）と**関連**（relationship）を用いて定義できると考える。実体とは，実世界にあるオブジェクトのうち，独立に存在できるものである。また，関連とは，実体同士の間の相互関係を表すものである。

実体と関連を用いて表現できる実社会の構成がたくさんある。実社会にある大学に関してデータベースを設計しようとしたら，大学はここで言うオブジェクトとなる。大学を構成する要素として，学部，学科，部，課，教員，職員，学生，科目，教室，設備など数多く考えられるが，ここでは，問題を簡単にするために，学科，科目，学生の三つの構成要素だけを切り出して，それに関するデータベースを設計することにしよう。この場合は，「学生」，「学科」と「科目」の三つの実体がある。また，この三つの実体の間には以下のような関連が存在する。実体「学生」と実体「学科」の間に「所属」という関連がある。実体「学科」と実体「科目」の間に「開講」という関連がある。そして，実体「学生」と実体「科目」の間に「履修」という関連がある。全体的に問題について理解しやすくために，各実体と実体間の関係をグラフにまとめ，**図 6.1** に示す。

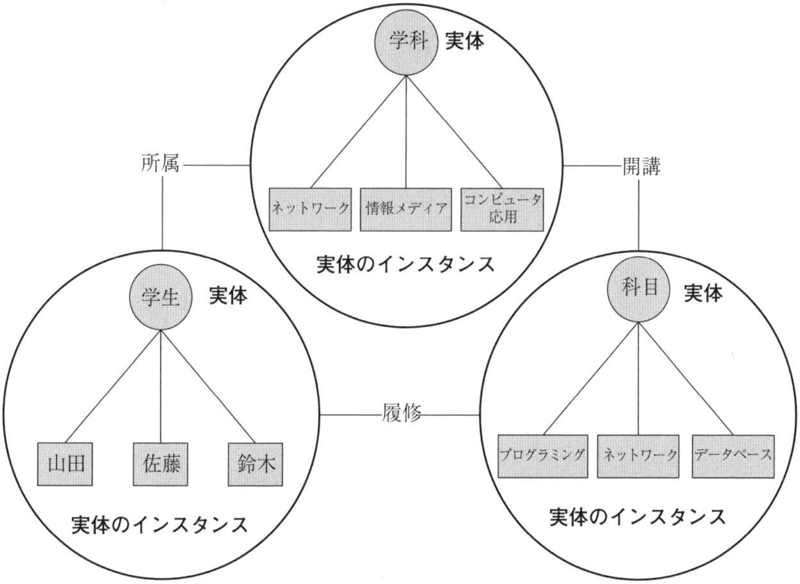


**図 6.1**　実体型と関係の例

実体関連モデルを所定の図形記号を用いて表したものは **ER 図**（ERD：entity relationship diagram）である。ER 図にはいくつかの種類があるが，ここでは，初期の ER 図の **Chen 記法**について紹介する。Chen 記法では，**図 6.2** のように，実体を長方形で表し，関連をひし形で表す。そして，実体または関連を定義する各種属性を

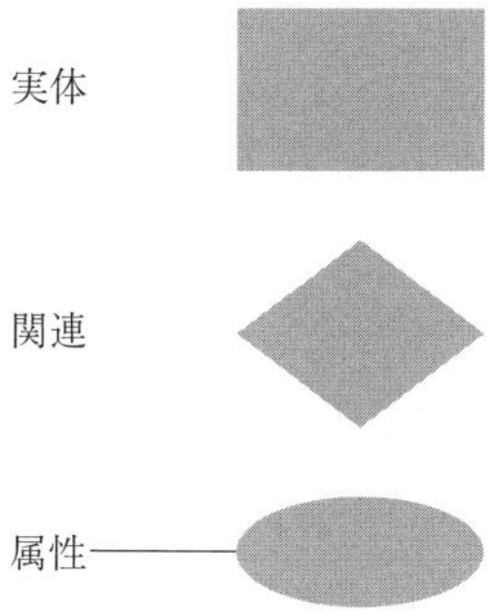


**図 6.2**　ER 図の図形記号（Chen 記法）

楕円形または丸角長方形で表す。また，実体と関連の間に接続関係があれば，それらの図形記号を直線で結ぶ。

では，以下の例題を用いて，ER モデルについて理解を深めよう。

---

**【例題 6.1】**　「顧客が商品を購入する」という事象の ER 図を示せ。

**問題分析**

実体 1：顧客　(想定される属性：顧客名，住所，電話番号)

実体 2：商品　(想定される属性：商品名，製造者，単価)

実体 1 と実体 2 の関連：

購入 (想定される属性：購入日，顧客名，商品名，数量)

---

解答となる ER 図を**図 6.3** に示す。

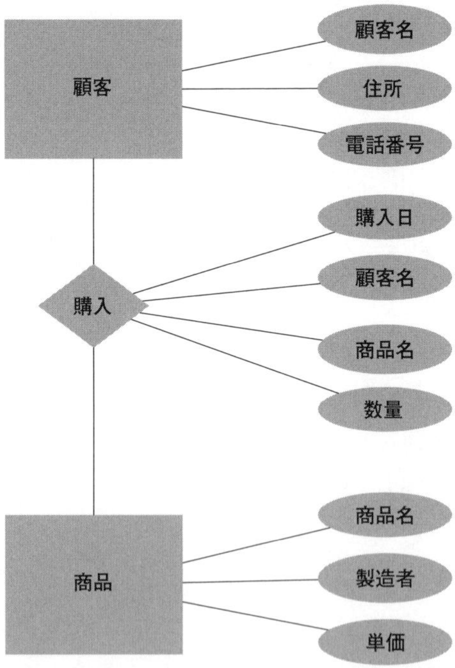


**図 6.3**　「顧客が商品を購入する」事象の ER 図

## 6.3 ER モデルを用いた論理設計

論理設計の段階では，概念設計段階で得られた ER 図を関係（テーブル）に変換する。

**ステップ 1**：

・実体と関連のデータをテーブルで保管する。

テーブル名＝実体名または関連名

テーブルの列名＝実体または関連の属性名

**ステップ 2**：

・各テーブルにタプルを一意的に決定できる主キーを用意する。

・関連にある実体を参照するための属性をその実体の主キーに置き換える。

ここでは，主キーについて，少し説明を付け加える。

関係データベースでは，一つのテーブル（関係）の中に，ほかのすべての列の値を一意的に決定できる列（1 列のみ）が必要である。この列のことを**主キー**（プライマリキー，PK：primary key）と呼ぶ。主キーには，非 NULL 値（空値ではない）とユニーク値（重複のない）の二つの要件が満たされなければならない。

実際の応用問題において，対象の事象に付随する自然発生的な属性がこの二つの要件が満たされる属性が存在しない場合は，データベースの設計者が人為的に主キーとなる属性を追加する。例えば，学生の氏名は，学生を特定できる自然発生的な属性となるが，同姓同名の可能性があるので，ユニーク値の要件が満たされない。そのため，学生証番号を人為的に導入して，主キー属性として用いる。現代社会において，学生証番号，職員番号，社員番号，健康保険証番号など ID 番号のようなものがあふれている。これは，情報を記録するために用いるテーブルには主キーが必要からである。

また，関連のテーブルにある実体を参照するために使われる実体テーブルの主キーのことを**外部キー**（FK：foreign key）と呼ぶ。

## 6.4 ER モデルを用いた設計例

これからは，学生が授業を履修することをモデリングし，その情報を保存するデータベースを設計することについて考えよう。

〔1〕 **概念設計**　概念設計では，一般に ER 図（実体関連図）を使用して構造を記述して，設計対象の概念スキーマを見つける。

設計対象：学生が授業を履修する。

この事象の ER 図を**図 6.4** に示す。この ER 図から得られた情報を整理すると以下のようになる。

実体１：学生

実体２：授業

関連：履修

実体「学生」の属性：氏名漢字，氏名かな，住所，電話番号

実体「授業」の属性：科目名，担当教員，単位数，教室，曜日，時限

関連「履修」の属性：登録日，氏名漢字，科目名

〔2〕 **論理設計**　論理設計では，実体「学生」と「授業」および関連「履修」のテーブルのスキーマ作成する。

**ステップ 1**：

テーブル「学生」の属性：学生証番号，氏名漢字，氏名かな，住所，電話番号

テーブル「授業」の属性：科目番号，科目名，担当教員，単位数，教室，曜日，時限

テーブル「履修」の属性：登録番号，登録日，氏名漢字，科目名

**ステップ 2**：

テーブル「履修」の属性：登録番号，登録日，学生証番号，科目番号

ただし，実線のアンダーラインは主キーを表し，点線のアンダーラインは外部キーを表す。

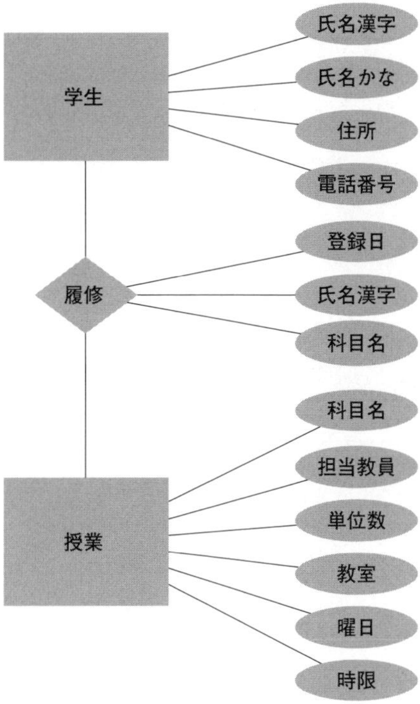


**図 6.4**　「学生が授業を履修する」事象の ER 図（Chen 記法）

**ステップ 3**：

各テーブルの属性のデータ型を決定する。簡単のため，基本的に以下のようにデータ型を指定する。

・数値演算の対象となる数字の属性は INT 型に指定する。

・日付を格納する属性は DATE 型に指定する。

それ以外のものは，文字列として，CHAR（文字数指定）を指定する。ただし，ここの「文字数指定」は「想定できる文字列の半角文字数＋いくらかの余裕」とする。

この設計結果を表の形にまとめて，**表 6.1**～**表 6.3** に示す。

表 6.1　設計結果：学生テーブル〔テーブル名：gakusei〕

| 属性名 | 意　味 | データ型 |
| --- | --- | --- |
| gakusei_bangou | 学生証番号 | CHAR(10) |
| shimei_kanji | 学生氏名の漢字表記 | CHAR(20) |
| shimei_kana | 学生氏名のかな表記 | CHAR(20) |
| jyusyo | 学生の住所 | CHAR(50) |
| denwa_bangou | 学生の電話番号 | CHAR(20) |

表 6.2　設計結果：科目テーブル〔テーブル名：kamoku〕

| 属性名 | 意　味 | データ型 |
| --- | --- | --- |
| kamoku_bangou | 科目番号 | CHAR(10) |
| kamokumei | 科目名 | CHAR(20) |
| tantou_kyouin | 担当教員 | CHAR(20) |
| tani | 単位数 | INT |
| youbi | 開講曜日 | CHAR(10) |
| jigen | 開講時限 | CHAR(10) |

表 6.3　設計結果：履修テーブル〔テーブル名：risyu〕

| 属性名 | 意　味 | データ型 |
| --- | --- | --- |
| touroku_bangou | 登録番号 | CHAR(10) |
| tourokubi | 登録日 | DATE |
| gakusei_bangou | 学生証番号 | CHAR(10) |
| kamoku_bangou | 科目番号 | CHAR(10) |

## 6.5 正規形および正規化

この節では，ボトムアッププアプローチについて説明する。ボトムアップとは，下から上に持っていく，つまり実務にあるものから抽象化して概念的なもの作り上げるという考え方である。実務で使用される伝票，帳票類，画面フォーマットなどのことを**目的表**と言う。データベースに保管する表のことを**基本表**と言う。厳密な言い方ではないが，データベースの設計作業は，目的表の情報からデータベースを構成する複数の基本表の表名とそれぞれの表の項目名を決定する作業である。

基本表を作るとき，注意すべき事項は以下の通りである。

（1） 同じデータ何か所にも何回も書くことのないようにする。

（2） 表の中に，ほかのすべての項目名(列名)の値を一意的に決定できる主キーがある。

（3） 目的表の情報を分割して，いくつかの基本表を作成する。

分割作業にあたって，正規化の手順にしたがって行うべきものである。また，基本表の結合演算（実際には select 文により実現する）により，目的表を生成できることを確認する必要がある。

具体的な正規化事例を説明する前に，まず，正規形について説明する。従来の関係データベースに関する書籍の多くは，第1から第6までの正規形について説明されるが，ここでは，第1正規形，第2正規形および第3正規形の定義を示す。また，問題を簡単にするために，候補キーではなく，主キーがある前提条件として定義を記述するようにする。

では，正規形とはなにか。一般的に言うと，**正規形**とは，データの整合性を保つために設けられた一定の形式基準を満たす関係のことである。ここで言う「一定の基準」には，いくつかのレベルがあるので，それにより第1正規形，第2正規形，…，第6正規形などの呼び方ができてしまう。また，**正規化**とは，非正規形の関係を正規形することである。つまり，非正規形の関係に対して，正規化すれば，正規形の関係が得られる。

**〔1〕 第1正規形**　**第1正規形**とは，関係を構成する属性が単純で分解不可能な値のみ持つような関係の形式である。

非第1正規形から第1正規形を作るための正規化作業は，以下のような単純でない，あるいは分解可能な値を取り除くことである。

（1） 繰り返し項目，　（2） 集合値項目，　（3） 表項目

それぞれの正規化作業について，具体例を用いて説明する。

### （1）繰り返し項目の正規化

**★正規化前（表 6.4）**

**表 6.4**　繰り返し項目の正規化の例（正規化前）

| 学生証番号 | 氏名漢字 | 科目名 | 担当教員 | 教室 |
| --- | --- | --- | --- | --- |
| 8BJT0001 | 山田太郎 | データベース | 大山 | 1203 |
| | | ネットワーク基礎 | 小川 | 2111 |
| | | 英語 1 | 島田 | 3221 |
| | | プロジェクト 1 | 前田 | 1211 |
| | | 体育 1 | 前川 | 体育館 |

**★正規化作業**：学生証番号と氏名漢字の列の 1 行に対して，科目名は複数行の繰り返しなので，これをなくして，**表 6.5** のように書き直した。

**★正規化後**（表 6.5）

**表 6.5**　繰り返し項目の正規化の例（正規化後）

| 学生証番号 | 氏名漢字 | 科目名 | 担当教員 | 教室 |
| --- | --- | --- | --- | --- |
| 8BJT0001 | 山田太郎 | データベース | 大山 | 1203 |
| 8BJT0001 | 山田太郎 | ネットワーク基礎 | 小川 | 2111 |
| 8BJT0001 | 山田太郎 | 英語 1 | 島田 | 3221 |
| 8BJT0001 | 山田太郎 | プロジェクト 1 | 前田 | 1211 |
| 8BJT0001 | 山田太郎 | 体育 1 | 前川 | 体育館 |

### （2）集合値項目の正規化

**★正規化前（表 6.6）**

**表 6.6**　集合値項目の正規化の例（正規化前）

| 学生証番号 | 氏名漢字 | 科目名 |
| --- | --- | --- |
| 8BJT0001 | 山田太郎 | データベース，ネットワーク基礎，英語 1，プロジェクト 1，体育 1 |
| 8BJT0002 | 鈴木花子 | オペレーティングシステム，ネットワーク基礎，プロジェクト 1，体育 1，英語 2， |
| 8BJT0003 | 青木遼 | オペレーティングシステム，ネットワーク基礎，体育 2，プロジェクト 1，英語 2， |
| 8BJT0004 | 高島はるな | オペレーティングシステム，プログラミング基礎，体育 2，プロジェクト 2，英語 2 |

**★正規化作業**：学生証番号と氏名漢字の列の 1 行に対して，科目名はの 1 行に複数の科目名を並べて記述してある。これをなくして，**表 6.7** のように書き直した。

**★正規化後**（表 6.7）

**表 6.7** 集合値項目の正規化の例（正規化後）

| 学生証番号 | 氏名漢字 | 科目名 |
|---|---|---|
| 8BJT0001 | 山田太郎 | データベース |
| 8BJT0001 | 山田太郎 | ネットワーク基礎 |
| 8BJT0001 | 山田太郎 | 英語 1 |
| 8BJT0001 | 山田太郎 | プロジェクト 1 |
| 8BJT0001 | 山田太郎 | 体育 1 |
| 8BJT0002 | 鈴木花子 | オペレーティングシステム |
| 8BJT0002 | 鈴木花子 | ネットワーク基礎 |
| 8BJT0002 | 鈴木花子 | プロジェクト 1 |
| 8BJT0002 | 鈴木花子 | 体育 1 |
| 8BJT0002 | 鈴木花子 | 英語 2 |
| 8BJT0003 | 青木遼 | オペレーティングシステム |
| 8BJT0003 | 青木遼 | ネットワーク基礎 |
| 8BJT0003 | 青木遼 | 体育 2 |
| 8BJT0003 | 青木遼 | プロジェクト 1 |
| 8BJT0003 | 青木遼 | 英語 2 |
| 8BJT0004 | 高島はるな | オペレーティングシステム |
| 8BJT0004 | 高島はるな | プログラミング基礎 |
| 8BJT0004 | 高島はるな | 体育 2 |
| 8BJT0004 | 高島はるな | プロジェクト 2 |
| 8BJT0004 | 高島はるな | 英語 2 |

### （3）表値項目の正規化

**★正規化前（表 6.8）**

**表 6.8**　表値項目の正規化の例（正規化前）

| 学生証番号 | 氏名漢字 | 科目名 |
|---|---|---|
| 8BJT0001 | 山田太郎 | データベース |
| | | ネットワーク基礎 |
| | | 英語 1 |
| | | プロジェクト 1 |
| | | 体育 1 |
| 8BJT0002 | 鈴木花子 | オペレーティングシステム |
| | | ネットワーク基礎 |
| | | プロジェクト 1 |
| | | 体育 1 |
| | | 英語 2 |
| 8BJT0003 | 青木遼 | オペレーティングシステム |
| | | ネットワーク基礎 |
| | | 体育 2 |
| | | プロジェクト 1 |
| | | 英語 2 |
| 8BJT0004 | 高島はるな | オペレーティングシステム |
| | | プログラミング基礎 |
| | | 体育 2 |
| | | プロジェクト 2 |
| | | 英語 2 |

**★正規化作業**：学生証番号と氏名漢字の列の 1 行に対して，科目名の列の値は複数行の表になっている。これをなくして，**表 6.9** のように書き直した。

**★正規化後**（表 6.9）

**表 6.9**　表値項目の正規化の例（正規化後）

| 学生証番号 | 氏名漢字 | 科目名 |
|---|---|---|
| 8BJT0001 | 山田太郎 | データベース |
| 8BJT0001 | 山田太郎 | ネットワーク基礎 |
| 8BJT0001 | 山田太郎 | 英語 1 |
| 8BJT0001 | 山田太郎 | プロジェクト 1 |
| 8BJT0001 | 山田太郎 | 体育 1 |
| 8BJT0002 | 鈴木花子 | オペレーティングシステム |
| 8BJT0002 | 鈴木花子 | ネットワーク基礎 |
| 8BJT0002 | 鈴木花子 | プロジェクト 1 |
| 8BJT0002 | 鈴木花子 | 体育 1 |
| 8BJT0002 | 鈴木花子 | 英語 2 |
| 8BJT0003 | 青木遼 | オペレーティングシステム |
| 8BJT0003 | 青木遼 | ネットワーク基礎 |
| 8BJT0003 | 青木遼 | 体育 2 |
| 8BJT0003 | 青木遼 | プロジェクト 1 |
| 8BJT0003 | 青木遼 | 英語 2 |
| 8BJT0004 | 高島はるな | オペレーティングシステム |
| 8BJT0004 | 高島はるな | プログラミング基礎 |
| 8BJT0004 | 高島はるな | 体育 2 |
| 8BJT0004 | 高島はるな | プロジェクト 2 |
| 8BJT0004 | 高島はるな | 英語 2 |

ここで，第 2 正規形を説明する前に，**関数従属性**を説明しなければならない。

定義：二つの属性 A と B の任意のタプル $t_1$ と $t_2$ がある。$t_1[A]=t_2[A]$ の場合，必ず $t_1[B]=t_2[B]$ が成立するならば，属性 B と属性 A に関数従属するという。この場合，A → B と記す。違う言い方をすれば，属性 A から属性 B を一意的に決定できる。

〔2〕 **第2正規形**　　**第2正規形**とは

1. 第1正規形である。
2. すべての非主キー属性は，主キー属性に関数従属している（主キー属性の値によって，主キー以外の属性の値を一意的に決定できる）。

ような関係の形式である[†]。

これは，関係にある主キー属性の値によって，主キー以外の属性の値を一意的に決定できる形式である。一般的には，関数従属性は，すべての属性について適用できるが，特に重要なのは，主キー以外の属性はすべて主キーに関数従属することである。前述のように，主キーにはユニーク値と非NULL値の制約があるので，その場合には，$t_1$[主キー]=$t_2$[主キー]ならば，必ず$t_1$[非主キー属性]=$t_2$[非主キー属性]が成立する。つまり，主キーの値を一つ定めると，その他のすべての属性の値が一意的に決まる。

非第2正規形から第2正規形を作るための正規化作業は，ユニークで非NULL値を持つ属性を主キーに選定することである。もし対象となる事象を記述するに使われる属性にはユニークで非NULL値を持つ属性が存在しなければ，人為的にこの要件条件を満たすような主キー属性を追加しなければならない。以下では第2正規化の作業について，具体例を用いて説明する。

**★正規化前（表6.10）**

**表6.10**　第2正規化の例（正規化前）

| 登録日 | 学生証番号 | 科目番号 |
|---|---|---|
| 2020年4月5日 | 8BJT0001 | C212 |
| 2020年4月5日 | 8BJT0001 | C110 |
| 2020年4月5日 | 8BJT0003 | T1212 |
| 2020年4月6日 | 8BJT0002 | C211 |
| 2020年4月6日 | 8BJT0002 | C110 |
| 2020年4月6日 | 8BJT0002 | T1211 |

† 本書では，主キーは一つの属性だけからなるものとしている。この場合は，完全関数従属性と関数従属性と等価となるので，本書では，関数従属性を使用して，正規形の定義を記述する。

**★正規化作業**：この表の各属性に同じ値（非ユニーク値）があるので，主キー属性として使用できない。正規化の作業においては，ユニークで非 NULL 値を持つ主キー属性を追加する必要がある。ここでは，主キーとして登録 ID という属性を追加する。

**★正規化後**（**表 6.11**）

**表 6.11**　第 2 正規化の例（正規化後）

| 登録 ID | 登録日 | 学生証番号 | 科目番号 |
|---|---|---|---|
| TR00001 | 2020 年 4 月 5 日 | 8BJT0001 | C212 |
| TR00002 | 2020 年 4 月 5 日 | 8BJT0001 | C110 |
| TR00003 | 2020 年 4 月 5 日 | 8BJT0003 | T1212 |
| TR00004 | 2020 年 4 月 6 日 | 8BJT0002 | C211 |
| TR00005 | 2020 年 4 月 6 日 | 8BJT0002 | C110 |
| TR00006 | 2020 年 4 月 6 日 | 8BJT0002 | T1211 |

〔**3**〕　**第 3 正規形**　　**第 3 正規形**とは

1.　第 2 正規形である。

2.　すべての非主キー属性は，主キー属性のみに関数従属している。

ような関係の形式である。

非正規形から第 3 正規形を作るための正規化作業は，非主キー属性に関数従属する属性を見つけて，それを除去することである。除去する手法は，他の属性を一意的に決定できる属性を新たな表の主キーとして用い，それに関数従属する属性をまとめて，元の表を分割する。ただし，元の表との関連を保つために，新しい主キーを元の表に外部キーとして残す必要がある。

以下は第 3 正規化の作業について，具体例を用いて説明する。

**★正規化前（表 6.12）**

**表 6.12**　第 3 正規化の例（正規化前）

| 登録 ID | 登録日 | 学生証番号 | 氏名漢字 | 科目番号 | 科目名 | 担当教員 | 教室 | 曜日 | 時限 |
|---|---|---|---|---|---|---|---|---|---|
| TR00001 | 2020 年 4 月 5 日 | 8BJT0001 | 山田太郎 | C212 | データベース | 大山 | 1203 | 月 | 2 |
| TR00002 | 2020 年 4 月 5 日 | 8BJT0001 | 山田太郎 | C110 | ネットワーク基礎 | 小川 | 2111 | 火 | 1 |
| TR00003 | 2020 年 4 月 5 日 | 8BJT0003 | 青木遼 | T1212 | 体育 2 | 前川 | グランド | 月 | 3 |
| TR00004 | 2020 年 4 月 6 日 | 8BJT0002 | 鈴木花子 | C211 | プロジェクト 1 | 前田 | 1211 | 水 | 3 |
| TR00005 | 2020 年 4 月 6 日 | 8BJT0002 | 鈴木花子 | C110 | ネットワーク基礎 | 小川 | 2111 | 火 | 1 |
| TR00006 | 2020 年 4 月 6 日 | 8BJT0002 | 鈴木花子 | T1211 | 体育 1 | 前川 | 体育館 | 木 | 3 |

**★正規化作業**：表 6.12 を見ると，ユニークな値を持つ属性は登録 ID で，このテーブルの主キーとなる。また，学生証番号と科目番号は別のテーブルを参照するための外部キーとなり得る。つまり，登録 ID，学生証番号と科目番号をそれぞれ主キーとして用い，関連属性をまとめることで，表 6.12 を以下に示す三つのテーブルに分けることができる。

テーブル 1 ：登録 ID，登録日，学生証番号，科目番号

テーブル 2 ：学生証番号，氏名漢字

テーブル 3 ：科目番号，科目名，担当教員，教室，曜日，時限

最後に，外部キーによって参照されるテーブルのタプルにある重複分を削除すれば，第 3 正規化は完了となる。

**★正規化後（表 6.13～表 6.15）**

**表 6.13**　第 3 正規化の例（正規化後：テーブル「登録」）

| 登録 ID | 登録日 | 学生証番号 | 科目番号 |
|---|---|---|---|
| TR00001 | 2020 年 4 月 5 日 | 8BJT0001 | C212 |
| TR00002 | 2020 年 4 月 5 日 | 8BJT0001 | C110 |
| TR00003 | 2020 年 4 月 5 日 | 8BJT0003 | T1212 |
| TR00004 | 2020 年 4 月 6 日 | 8BJT0002 | C211 |
| TR00005 | 2020 年 4 月 6 日 | 8BJT0002 | C110 |
| TR00006 | 2020 年 4 月 6 日 | 8BJT0002 | T121 |

**表 6.14**　第 3 正規化の例
（正規化後：テーブル「学生」）

| 学生証番号 | 氏名漢字 |
|---|---|
| 8BJT0001 | 山田太郎 |
| ~~8BJT0001~~ | ~~山田太郎~~ |
| 8BJT0003 | 青木遼 |
| 8BJT0002 | 鈴木花子 |
| ~~8BJT0002~~ | ~~鈴木花子~~ |
| ~~8BJT0002~~ | ~~鈴木花子~~ |

**表 6.15**　第 3 正規化の例（正規化後：テーブル「科目」）

| 科目番号 | 科目名 | 担当教員 | 教室 | 曜日 | 時限 |
|---|---|---|---|---|---|
| C212 | データベース | 大山 | 1203 | 月 | 2 |
| C110 | ネットワーク基礎 | 小川 | 2111 | 火 | 1 |
| T1212 | 体育 2 | 前川 | グランド | 月 | 3 |
| C211 | プロジェクト 1 | 前田 | 1211 | 水 | 3 |
| ~~C110~~ | ~~ネットワーク基礎~~ | ~~小川~~ | ~~2111~~ | ~~火~~ | ~~1~~ |
| T1211 | 体育 1 | 前川 | 体育館 | 木 | 3 |

ここまでの設計結果を表にまとめると，ER モデルに基づいた設計と同じ結果が（表 6.1～表 6.3）が得られる。紙面の制約によりここでは再掲しない。

## 演　習　問　題

**【6.1】**　例題 6.1 の「顧客が商品を購入する」事象の ER 図（図 6.3）から，人為的な主キーを追加して，各テーブルの項目名（列名）を書き出しなさい。

**【6.2】**　演習問題【6.1】の結果から，そのデータベースの論理設計を行い，各テーブルのテーブル名，項目名（列名），データ型を表で示せ。

# 7

# データベース設計の応用例

6章では，データベース設計の基本として，ER図と正規化手法について解説した。これからのこの章では，もう少し実用的な設計問題に取り組んでいく。この設計過程を通して，概念設計と論理設計の作業手順に慣れて，設計文書をスムーズに作成できるようになってもらいたい。さらに，SQL命令文を用いて設計結果を実現する。また，SQL命令文と同様な処理をPythonのプログラムにより実行する。

## 7.1 設計問題

ここでは，実際にECサイトの業務で使用される請求書をデータベースの設計問題として取り上げる。ECサイトの業務内容をおおざっぱに言うと，以下の通りである。

（1） インターネット経由で，顧客から商品の注文を受ける。

（2） 注文を受けた商品の請求書を作成して，顧客に送る。

（3） 顧客の入金を確認して，注文を受けた商品を顧客に送り届ける。

今回は，（2）の請求書の作成について考えることとする。まず，設計によって実現したい請求書の事例を**図7.1**～**図7.3**に示す。請求書とは，一定のフォームにしたがって作成されるものである。定型の文章や自社の住所などはそのまま印字しただけのものである。丸で囲んである領域は，請求書ごとに異なるデータを入れるところで，データベースの処理が必要となる領域である。つまり，今回の設計問題とは，これらの領域のデータを効率良く保存するためのデータベースを設計することである。

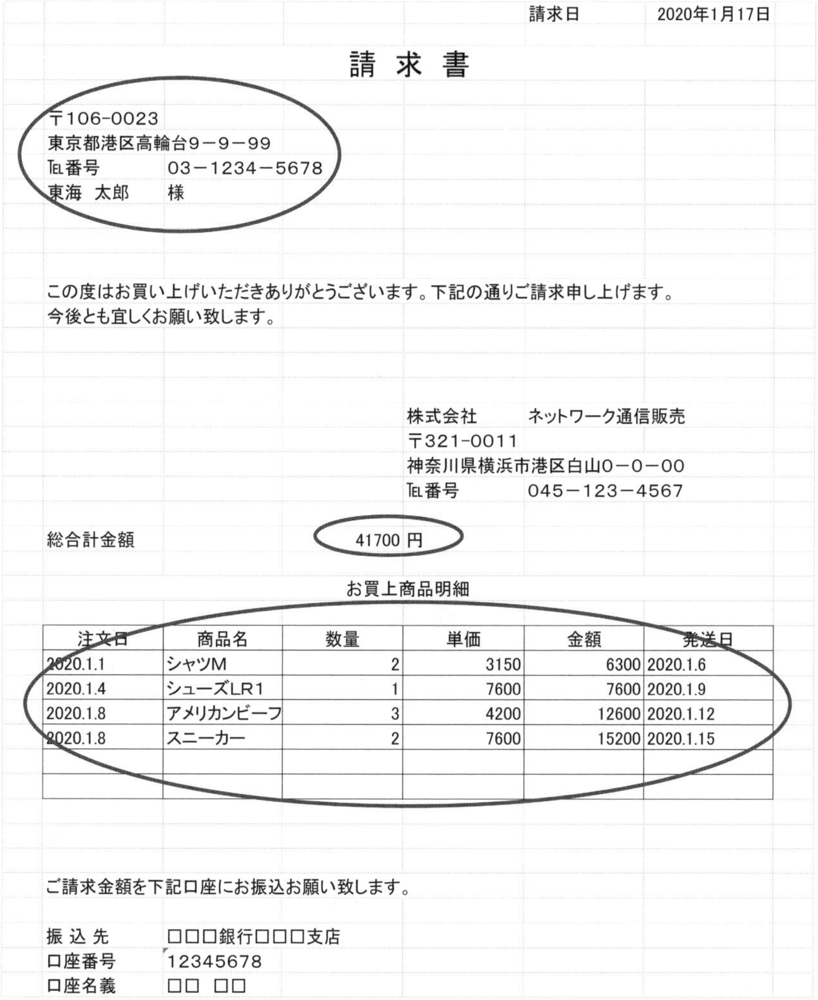

請求日 2020年1月17日

請 求 書

〒106-0023
東京都港区高輪台9－9－99
TEL番号 03－1234－5678
東海 太郎 様

この度はお買い上げいただきありがとうございます。下記の通りご請求申し上げます。
今後とも宜しくお願い致します。

株式会社 ネットワーク通信販売
〒321-0011
神奈川県横浜市港区白山0－0－00
TEL番号 045－123－4567

総合計金額 41700 円

お買上商品明細

| 注文日 | 商品名 | 数量 | 単価 | 金額 | 発送日 |
|---|---|---|---|---|---|
| 2020.1.1 | シャツM | 2 | 3150 | 6300 | 2020.1.6 |
| 2020.1.4 | シューズLR1 | 1 | 7600 | 7600 | 2020.1.9 |
| 2020.1.8 | アメリカンビーフ | 3 | 4200 | 12600 | 2020.1.12 |
| 2020.1.8 | スニーカー | 2 | 7600 | 15200 | 2020.1.15 |
| | | | | | |
| | | | | | |

ご請求金額を下記口座にお振込お願い致します。

振 込 先 □□□銀行□□□支店
口座番号 12345678
口座名義 □□ □□

**図 7.1** 請求書事例 1

請求日　2020年1月20日

# 請　求　書

〒123-2300
東京都渋谷区松濤台9－9－99
℡番号　03－5678－1234
東海　花子　様

この度はお買い上げいただきありがとうございます。下記の通りご請求申し上げます。
今後とも宜しくお願い致します。

株式会社　ネットワーク通信販売
〒321-0011
神奈川県横浜市港区白山0－0－00
℡番号　045－123－4567

総合計金額　29160 円

お買上商品明細

| 注文日 | 商品名 | 数量 | 単価 | 金額 | 発送日 |
|---|---|---|---|---|---|
| 2020.1.5 | ケーキ | 2 | 980 | 1960 | 2020.1.9 |
| 2020.1.6 | カーディガン | 1 | 12000 | 12000 | 2020.1.12 |
| 2020.1.8 | スニーカー | 2 | 7600 | 15200 | 2020.1.15 |
| | | | | | |
| | | | | | |
| | | | | | |

ご請求金額を下記口座にお振込お願い致します。

振 込 先　□□□銀行□□□支店
口座番号　12345678
口座名義　□□ □□

**図 7.2**　請求書事例 2

請求日 2020年2月21日

# 請 求 書

〒213-2010
東京都千代田区花松9－9－99
℡番号 03－1111－2222
高輪 幸子 様

この度はお買い上げいただきありがとうございます。下記の通りご請求申し上げます。
今後とも宜しくお願い致します。

株式会社 ネットワーク通信販売
〒321-0011
神奈川県横浜市港区白山0－0－00
℡番号 045－123－4567

総合計金額 8848 円

お買上商品明細

| 注文日 | 商品名 | 数量 | 単価 | 金額 | 発送日 |
|---|---|---|---|---|---|
| 2020.2.5 | フライパン | 2 | 1024 | 2048 | 2020.2.9 |
| 2020.2.6 | 靴下TT | 1 | 650 | 650 | 2020.2.12 |
| 2020.2.8 | マフラー | 2 | 1500 | 3000 | 2020.2.15 |
| 2020.2.10 | シャツM | 1 | 3150 | 3150 | 2020.2.16 |
| | | | | | |
| | | | | | |

ご請求金額を下記口座にお振込お願い致します。

振 込 先 □□□銀行□□□支店
口座番号 12345678
口座名義 □□ □□

**図 7.3** 請求書事例 3

## 7.2 概念設計と論理設計

〔**1**〕 **概念設計**　まずは，データ分析を行い，ER 図を作成する。データ分析は，業務で使用する伝票，帳票類，システム画面のフォーム，ファイル類からすべてのデータ項目を洗い出すことから始まる。今回の分析対象の請求書のフォームを見てみると，とりあえず以下のようにデータ項目を整理できる。

（1） **宛先部分**：顧客の情報
　→データ項目：郵便番号，住所，電話番号，顧客名

（2） **明細部分**：受注した商品の情報
　→データ項目：注文日，商品名，数量，単価，金額，発送日

（3） **請求金額部分**：明細部分の金額の合計
　＊ただし，この合計金額は明細部分の表に対する演算結果からできるので，基本表に項目を入れる必要がない。

しかし，考えてみると明細部分は商品の固有情報と注文に関する情報の二つの部分があることがわかる。商品の固有情報は，商品名，単価からなり，注文に関する情報は，注文日，顧客名，商品名，数量，金額，発送日からなる。さらに，金額は単価と数量の掛け算で算出できるので，つまり金額は導出項目となるので，基本表に入れる必要がない。

ここまでの分析から，請求書を「顧客が商品を注文する」というモデルに抽象化できる。この場合，モデルの各要素を記述した ER 図は**図 7.4** のようになる。

〔**2**〕 **論理設計**　データベースの論理設計の基本として，以下のように考える。

（1） 関連の深いデータ項目を一つのテーブルにまとめる。

（2） できるだけテーブルの項目を少なくする。これは，表の数が多くなることにつながる。

（3） すべてのテーブルに，タプルを一意的に決定できる主キーを用意する。

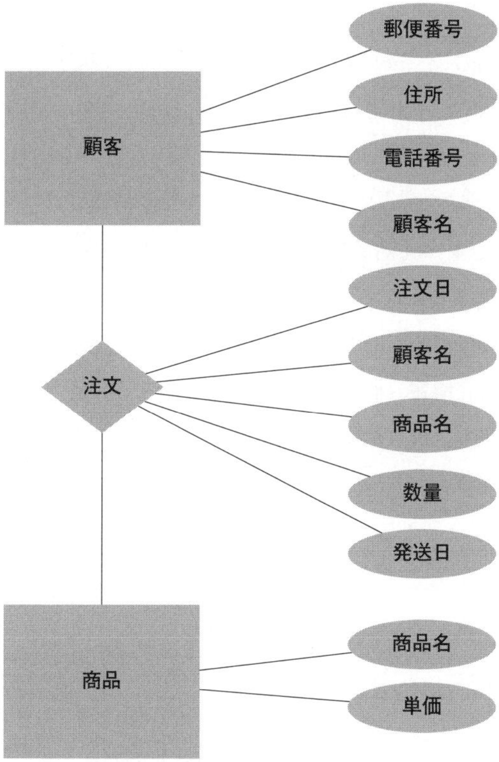


**図 7.4**　「顧客が商品を注文する」モデルの ER 図

（4）　設計したデータベースの基本表の各項目を元として，結合演算によって，目的表を実現できる。

前述の論理設計の ER 図から，以下のようにデータベースのスキーマを書き出す。

テーブル 1：顧客情報（郵便番号，住所，電話番号，顧客名）

テーブル 2：商品情報（商品名，単価）

テーブル 3：受注情報（注文日，顧客名，商品名，数量，発送日）

そして，つぎのステップとして，各テーブルに主キーとなる項目を導入する。

テーブル 1：顧客情報（顧客 ID，郵便番号，住所，電話番号，顧客名）

テーブル 2：商品情報（商品 ID，商品名，単価）

テーブル 3：受注情報（注文 ID，注文日，顧客名，商品名，数量，発送日）

さらに，顧客情報に主キー顧客 ID を導入したので，「顧客名」の代わりに「顧客 ID を使うほうがより正確に顧客を一意的に決定できる。同様に，商品情報に主キー商品 ID を導入したので，商品 ID を使うほうがより正確に商品を一意的に決定できる。したがって，テーブル 3 の受注情報では，「顧客名」の代わりに「顧客 ID」を用い，「商品名」の代わりに「商品 ID」を用いることにする。その結果は以下のようになる。

テーブル 1：顧客情報（顧客 ID，郵便番号，住所，電話番号，顧客名）

テーブル 2：商品情報（商品 ID，商品名，単価）

テーブル 3：受注情報（注文 ID，注文日，顧客 ID，商品 ID，数量，発送日）

これで，請求書作成用の情報を保存するデータベースのスキーマができたので，例えば，「EC サイト請求書作成システム」と名付ける。これまでの論理設計の結果をまとめると，**表 7.1** のようになる。

**表 7.1**　データベース EC サイト請求書作成システムのスキーマ定義

| テーブル | 項　目 |
|---|---|
| 顧客情報 | 顧客 ID，郵便番号，住所，電話番号，顧客名 |
| 商品情報 | 商品 ID，商品名，単価 |
| 受注情報 | 注文 ID，注文日，顧客 ID，商品 ID，数量，発送日 |

## 7.3 設　計　文　書

この節では，テーブル定義書という設計文書を作成する。テーブル定義書は設計対象のデータベースの仕様要求をすべてまとめたもので，テーブル名，項目名，データ型など SQL 文を作成するのに必要な情報がその中に明記されている。テーブル定義書は，開発チーム全員で使用するものなので，その中身に不具合があるとシステムの動作不良につながる。また，テーブル定義書の変更は多くの開発作業を引き起こすので，必要最小限に留めてほしい。

これまでの設計結果に続いて，図 7.1〜図 7.3 の請求書事例を分析し，「EC サイト請求書作成システム」について，下記の要件を決めてください。

（1） データベース名（英数字）

（2） テーブル名（英数字）

（3） 各テーブルの項目名（英数字），そのデータ型と長さ（例えば，INT，CHAR(50) など）

そして，所定の形式にしたがって，テーブル定義書を作成して，設計の結果を正確に記述する。また，多くのテーブル定義書を有するシステムでは，その一覧表を作成する。これまでの設計結果を**図 7.5〜図 7.8** に示す。

## 7.4 SQL によるデータベースの実現

これからは，テーブル定義書にしたがって，データベースを MySQL で作成し，各テーブルの全項目のデータを表示して，その内容を確認する。

---

**【例題 7.1】** 図 7.5〜図 7.8 のテーブル定義書にしたがって，SQL 命令文を用いて，以下の要求を実現して，それを MySQL 上で実行し，動作確認せよ。

**仕様要求**

（1） データベースを作成する。

（2） テーブル別に以下の処理を行う。

A） テーブルを生成する。

B） 請求書事例から必要なデータを読み取り，A）で生成したテーブルに挿入する。

C） 作成したテーブルの全件データを表示する。

---

| | | | |
|---|---|---|---|
| 作成者 | 山田太郎 | 作成日 | 2020/4/5 |
| 更新者 | 木村二郎 | 更新日 | 2020/5/7 |

| | |
|---|---|
| データベース名 | ecsiteinvoicedb |
| データベースの説明 | ネットショッピング請求書データベース |

テーブル一覧表

| 番号 | テーブル名 | テーブルの説明 |
|---|---|---|
| 1 | customer | 顧客情報を記録するテーブル |
| 2 | goods | 商品情報を記録するテーブル |
| 3 | request | 受注情報を記録するテーブル |
| 4 | | |
| 5 | | |
| 6 | | |
| 7 | | |
| 8 | | |
| 9 | | |
| 10 | | |

**図 7.5**　テーブル定義書：テーブル一覧表

| | | | |
|---|---|---|---|
| 作成者 | 山田太郎 | 作成日 | 2020/4/5 |
| 更新者 | 木村二郎 | 更新日 | 2020/5/7 |

| | |
|---|---|
| データベース名 | ecsiteinvoicedb |
| テーブル名 | customer |

データ項目定義表

| 番号 | 項目名 | 項目名説明 | データ型 | 長さ | 備考 |
|---|---|---|---|---|---|
| 1 | customer_id | 顧客ID | CHAR | 10 | primary key |
| 2 | postcode | 郵便番号 | CHAR | 20 | |
| 3 | address | 住所 | CHAR | 100 | |
| 4 | tel | 電話番号 | CHAR | 20 | |
| 5 | name | 顧客名 | CHAR | 20 | |
| 6 | | | | | |
| 7 | | | | | |
| 8 | | | | | |
| 9 | | | | | |
| 10 | | | | | |

**図 7.6**　テーブル定義書：テーブル customer のデータ項目定義表

| | | | |
|---|---|---|---|
| 作成者 | 山田太郎 | 作成日 | 2020/4/5 |
| 更新者 | 木村二郎 | 更新日 | 2020/5/7 |

| | |
|---|---|
| データベース名 | ecsiteinvoicedb |
| テーブル名 | goods |

## データ項目定義表

| 番号 | 項目名 | 項目名説明 | データ型 | 長さ | 備考 |
|---|---|---|---|---|---|
| 1 | goods_id | 商品ID | CHAR | 10 | primary key |
| 2 | name | 商品名 | CHAR | 20 | |
| 3 | price | 単価 | INT | | |
| 4 | | | | | |
| 5 | | | | | |
| 6 | | | | | |
| 7 | | | | | |
| 8 | | | | | |
| 9 | | | | | |
| 10 | | | | | |

**図 7.7**　テーブル定義書：テーブル goods のデータ項目定義表

| | | | |
|---|---|---|---|
| 作成者 | 山田太郎 | 作成日 | 2020/4/5 |
| 更新者 | 木村二郎 | 更新日 | 2020/5/7 |

| | |
|---|---|
| データベース名 | ecsiteinvoicedb |
| テーブル名 | request |

**データ項目定義表**

| 番号 | 項目名 | 項目名説明 | データ型 | 長さ | 備　考 |
|---|---|---|---|---|---|
| 1 | order_id | 注文ID | CHAR | 10 | primary key |
| 2 | customer_id | 顧客ID | CHAR | 10 | |
| 3 | order_date | 注文日 | DATE | | |
| 4 | goods_id | 商品ID | CHAR | 10 | |
| 5 | amount | 数量 | INT | | |
| 6 | shipping_date | 発送日 | DATE | | |
| 7 | | | | | |
| 8 | | | | | |
| 9 | | | | | |
| 10 | | | | | |

**図 7.8**　テーブル定義書：テーブル request のデータ項目定義表

**SQL 命令文**

```
# データベースを作成，データの入力と表示
# データベース名：ecsiteinvoicedb
# データベース作成
CREATE DATABASE ecsiteinvoicedb;
SHOW databases;
USE ecsiteinvoicedb;
# テーブル customer 作成，データ挿入
CREATE TABLE customer(customer_id CHAR(10), postcode CHAR(20), address CHAR(100), tel CHAR(20), name CHAR(20));
INSERT INTO customer VALUES('C1', '106-0023', '東京都港区高輪台9-9-99', '03-1234-5678', '東海　太郎');
INSERT INTO customer VALUES('C2', '123-2300', '東京都渋谷区松濤台9-9-99', '03-5678-1234', '東海　花子');
INSERT INTO customer VALUES('C3', '213-2010', '東京都千代田区花松9-9-99', '03-1111-2222', '高輪　幸子');
SELECT * FROM customer;
# テーブル goods 作成，データ挿入
CREATE TABLE goods(goods_id CHAR(10), name CHAR(20), price INT);
INSERT INTO goods VALUES('G1', 'シャツM',3150);
INSERT INTO goods VALUES('G2', 'シューズLR1',7600);
INSERT INTO goods VALUES('G3', 'アメリカンビーフ',4200);
INSERT INTO goods VALUES('G4', 'スニーカー',7600);
INSERT INTO goods VALUES('G5', 'ケーキ',980);
INSERT INTO goods VALUES('G6', 'カーディガン',12000);
INSERT INTO goods VALUES('G7', 'フライパン',1024);
INSERT INTO goods VALUES('G8', '靴下TT',650);
INSERT INTO goods VALUES('G9', 'マフラー',1500);
SELECT * FROM goods;
# テーブル request 作成，データ挿入
CREATE TABLE request(request_id CHAR(10), customer_id CHAR(10), order_date DATE, goods_id CHAR(10), amount INT, shipping_date DATE);
INSERT INTO request VALUES('R1', 'C1', '2020-1-1', 'G1', 2, '2020-1-6');
INSERT INTO request VALUES('R2', 'C1', '2020-1-4', 'G2', 1, '2020-1-9');
INSERT INTO request VALUES('R3', 'C1', '2020-1-8', 'G3', 3, '2020-1-12');
INSERT INTO request VALUES('R4', 'C1', '2020-1-8', 'G4', 2, '2020-1-15');
INSERT INTO request VALUES('R5', 'C2', '2020-1-5', 'G5', 2, '2020-1-9');
INSERT INTO request VALUES('R6', 'C2', '2020-1-6', 'G6', 1, '2020-1-12');
```

```
33: INSERT INTO request VALUES('R7', 'C2', '2020-1-8', 'G4', 2,
    '2020-1-15');
34: INSERT INTO request VALUES('R8', 'C3', '2020-2-5', 'G7', 2,
    '2020-2-9');
35: INSERT INTO request VALUES('R9', 'C3', '2020-2-6', 'G8', 1,
    '2020-2-12');
36: INSERT INTO request VALUES('R10', 'C3', '2020-2-8', 'G9', 2,
    '2020-2-15');
37: INSERT INTO request VALUES('R11', 'C3', '2020-2-10', 'G1', 1,
    '2020-2-16');
38: SELECT * FROM request;
```

〔ファイル名：ch7ex1.sql〕

**《SQL 命令文の解説》**

4:　データベース ecsiteinvoicedb を作成する。

5:　データベース ecsiteinvoicedb が作成されたことを確認する。

6:　これ以降は ecsiteinvoicedb を使用する。

8:　テーブル定義書にしたがって，顧客情報のテーブル customer を作成する。

9〜11:　テーブル customer にデータを挿入する。全部で 4 件のデータを追加する。

12:　テーブル customer のデータを全件表示する。

14:　テーブル定義書にしたがって，商品情報のテーブル goods を作成する。

15〜23:　テーブル goods にデータを挿入する。全部で 9 件のデータを追加する。

24:　テーブル goods のデータを全件表示する。

26:　テーブル定義書にしたがって，受注情報のテーブル request を作成する。

27〜37:　テーブル request にデータを挿入する。全部で 11 件のデータを追加する。

38:　テーブル request のデータを全件表示する。

SQL 命令文の実行結果を以下に示す。各テーブルが成功に作成されたことが確認できる。なお，紙面の制約を考慮し，ここでは，空白行を削除してある。

**実行結果**

```
mysql> CREATE DATABASE ecsiteinvoicedb;
Query OK, 1 row affected (0.01 sec)
mysql> SHOW databases;
+--------------------+
| Database           |
+--------------------+
| ecsiteinvoicedb    |
```

```
| information_schema |
| jikanwaribase      |
| mysql              |
| performance_schema |
| sampledb           |
| sys                |
| testbase           |
| testdb             |
+--------------------+
9 rows in set (0.01 sec)
mysql> USE ecsiteinvoicedb;
Database changed
mysql> # テーブル customer 作成，データ挿入
mysql> CREATE TABLE customer(customer_id CHAR(10), postcode
CHAR(20), address CHAR(100), tel CHAR(20), name CHAR(20));
Query OK, 0 rows affected (0.06 sec)
mysql> INSERT INTO customer VALUES('C1', '106-0023', '東京都港区高輪
台9-9-99', '03-1234-5678', '東海 太郎');
Query OK, 1 row affected (0.01 sec)
mysql> INSERT INTO customer VALUES('C2', '123-2300', '東京都渋谷区松
濤台9-9-99', '03-5678-1234', '東海 花子');
Query OK, 1 row affected (0.00 sec)
mysql> INSERT INTO customer VALUES('C3', '213-2010', '東京都千代田区
花松9-9-99', '03-1111-2222', '高輪 幸子');
Query OK, 1 row affected (0.00 sec)
mysql> SELECT * FROM customer;
+-------------+----------+------------------------+--------------+----------+
| customer_id | postcode | address                | tel          | name     |
+-------------+----------+------------------------+--------------+----------+
| C1          | 106-0023 | 東京都港区高輪台9-9-99 | 03-1234-5678 | 東海 太郎 |
| C2          | 123-2300 | 東京都渋谷区松濤台9-9-99 | 03-5678-1234 | 東海 花子 |
| C3          | 213-2010 | 東京都千代田区花松9-9-99 | 03-1111-2222 | 高輪 幸子 |
+-------------+----------+------------------------+--------------+----------+
3 rows in set (0.00 sec)
mysql> # テーブル goods 作成，データ挿入
mysql> CREATE TABLE goods(goods_id CHAR(10), name CHAR(20), price
INT);
Query OK, 0 rows affected (0.04 sec)
mysql> INSERT INTO goods VALUES('G1', 'シャツM',3150);
Query OK, 1 row affected (0.01 sec)
mysql> INSERT INTO goods VALUES('G2', 'シューズLR1',7600);
Query OK, 1 row affected (0.00 sec)
mysql> INSERT INTO goods VALUES('G3', 'アメリカンビーフ',4200);
Query OK, 1 row affected (0.00 sec)
mysql> INSERT INTO goods VALUES('G4', 'スニーカー',7600);
```

```
Query OK, 1 row affected (0.00 sec)
mysql> INSERT INTO goods VALUES('G5', 'ケーキ',980);
Query OK, 1 row affected (0.00 sec)
mysql> INSERT INTO goods VALUES('G6', 'カーディガン',12000);
Query OK, 1 row affected (0.00 sec)
mysql> INSERT INTO goods VALUES('G7', 'フライパン',1024);
Query OK, 1 row affected (0.00 sec)
mysql> INSERT INTO goods VALUES('G8', '靴下TT',650);
Query OK, 1 row affected (0.00 sec)
mysql> INSERT INTO goods VALUES('G9', 'マフラー',1500);
Query OK, 1 row affected (0.00 sec)
mysql> SELECT * FROM goods;
+----------+----------------+-------+
| goods_id | name           | price |
+----------+----------------+-------+
| G1       | シャツM        |  3150 |
| G2       | シューズLR1    |  7600 |
| G3       | アメリカンビーフ |  4200 |
| G4       | スニーカー      |  7600 |
| G5       | ケーキ          |   980 |
| G6       | カーディガン    | 12000 |
| G7       | フライパン      |  1024 |
| G8       | 靴下TT         |   650 |
| G9       | マフラー        |  1500 |
+----------+----------------+-------+
9 rows in set (0.00 sec)
mysql> # テーブル request 作成，データ挿入
mysql> CREATE TABLE request(request_id CHAR(10), customer_id
CHAR(10), order_date DATE, goods_id CHAR(10), amount INT, shipping_
date DATE);
Query OK, 0 rows affected (0.04 sec)
mysql> INSERT INTO request VALUES('R1', 'C1', '2020-1-1', 'G1', 2,
'2020-1-6');
Query OK, 1 row affected (0.00 sec)
mysql> INSERT INTO request VALUES('R2', 'C1', '2020-1-4', 'G2', 1,
'2020-1-9');
Query OK, 1 row affected (0.00 sec)
mysql> INSERT INTO request VALUES('R3', 'C1', '2020-1-8', 'G3', 3,
'2020-1-12');
Query OK, 1 row affected (0.01 sec)
mysql> INSERT INTO request VALUES('R4', 'C1', '2020-1-8', 'G4', 2,
'2020-1-15');
Query OK, 1 row affected (0.00 sec)
mysql> INSERT INTO request VALUES('R5', 'C2', '2020-1-5', 'G5', 2,
'2020-1-9');
```

```
Query OK, 1 row affected (0.00 sec)
mysql> INSERT INTO request VALUES('R6', 'C2', '2020-1-6', 'G6', 1,
'2020-1-12');
Query OK, 1 row affected (0.00 sec)
mysql> INSERT INTO request VALUES('R7', 'C2', '2020-1-8', 'G4', 2,
'2020-1-15');
Query OK, 1 row affected (0.00 sec)
mysql> INSERT INTO request VALUES('R8', 'C3', '2020-2-5', 'G7', 2,
'2020-2-9');
Query OK, 1 row affected (0.00 sec)
mysql> INSERT INTO request VALUES('R9', 'C3', '2020-2-6', 'G8', 1,
'2020-2-12');
Query OK, 1 row affected (0.01 sec)
mysql> INSERT INTO request VALUES('R10', 'C3', '2020-2-8', 'G9', 2,
'2020-2-15');
Query OK, 1 row affected (0.00 sec)
mysql> INSERT INTO request VALUES('R11', 'C3', '2020-2-10', 'G1',
1, '2020-2-16');
Query OK, 1 row affected (0.00 sec)
mysql> SELECT * FROM request;
+------------+-------------+------------+----------+--------+---------------+
| request_id | customer_id | order_date | goods_id | amount | shipping_date |
+------------+-------------+------------+----------+--------+---------------+
| R1         | C1          | 2020-01-01 | G1       |      2 | 2020-01-06    |
| R2         | C1          | 2020-01-04 | G2       |      1 | 2020-01-09    |
| R3         | C1          | 2020-01-08 | G3       |      3 | 2020-01-12    |
| R4         | C1          | 2020-01-08 | G4       |      2 | 2020-01-15    |
| R5         | C2          | 2020-01-05 | G5       |      2 | 2020-01-09    |
| R6         | C2          | 2020-01-06 | G6       |      1 | 2020-01-12    |
| R7         | C2          | 2020-01-08 | G4       |      2 | 2020-01-15    |
| R8         | C3          | 2020-02-05 | G7       |      2 | 2020-02-09    |
| R9         | C3          | 2020-02-06 | G8       |      1 | 2020-02-12    |
| R10        | C3          | 2020-02-08 | G9       |      2 | 2020-02-15    |
| R11        | C3          | 2020-02-10 | G1       |      1 | 2020-02-16    |
+------------+-------------+------------+----------+--------+---------------+
11 rows in set (0.00 sec)
```

## 7.5 Pythonによるデータベースを作成する

5章で示した通り，Pythonのプログラムから MySQL データベースサーバーに接続して，データベースに対して各種の操作を行うことができる。ここでは，今回の設計問題を実現したSQL命令文をPythonのプログラムから実行させ，その動作結果を確認する。

---

**【例題 7.2】** 下記仕様要求を実現するPythonプログラムを作成せよ。

**仕様要求**

（1） MySQLサーバーへの接続を行う。

（2） ファイルch7ex1.sqlからSQL命令を読み込む。

（3） SQL命令を順番に実行する。

（4） SHOW命令の場合は，実行結果を表示する。

（5） SELECT命令の場合は，実行結果を表示する。

（6） 接続を切断する。

**⚠注意**：作成したプログラムを実行するために，例題7.1で作成した同名のデータベースを事前に削除する必要がある。

---

**ソースコード**

```
# ECサイト請求書作成データベース
# データベース作成
# テーブル作成，データを挿入，表示

import mysql.connector

# コネクターを作成
config = {
        'host': 'localhost',
        'port': '3306',
        'user': 'root',
        'password': 'rootmysql'
        }
dbconnector = mysql.connector.connect(**config)

# 接続できているかどうか確認
if dbconnector.is_connected():
    print('データベースへの接続が成功しました。')
else:
    print('データベースへの接続が失敗しました。')
    exit(1)

```

```
23: # cursorオブジェクトの生成
24: cursor = dbconnector.cursor()
25:
26: fp=open("ch7ex1.sql", "r")
27: operations=()
28: for sqlcmd in fp:
29:     sqlcmd=sqlcmd.strip()
30:     operations+=(sqlcmd,)
31:
32: #print(operations)
33:
34: #SQLの実行と結果表示
35: for no, operation in enumerate(operations):
36:     #問い合わせの実行
37:     cursor.execute(operation)
38:     if operation.split()[0]=="SELECT":
39:         print("SQL No."+str(no+1)+"：")
40:         print(operation)
41:         print("問い合わせの結果：")
42:         tuples = cursor.fetchall()
43:         for tpl in tuples:
44:             print(tpl)
45:     if operation.split()[0]=="SHOW":
46:         print("SQL No."+str(no+1)+"：")
47:         print(operation)
48:         print("SHOWの結果：")
49:         rows = cursor.fetchall()
50:         for row in rows:
51:             print(row)
52:
53: #接続を切断
54: dbconnector.close()
55:
```

〔ファイル名：ch7ex2.py〕

**《ソースコードの解説》**

5:　MySQLに接続するためのライブラリを読み込む。

8～13:　データベースに接続するための各種パラメータを用意する。

14:　データベースへのコネクターを作成する。

17～21:　if文ブロック。データベースへの接続が成功したかどうか確認する。成功した場合は，成功のメッセージを表示する。そうでない場合は，失敗のメッセージを表示して，実行を中断する。

24:　カーソルオブジェクトを生成する。

26〜30:　ファイル ch7ex1.sql から SQL 命令文を読み込む。

27:　SQL 命令文の入れ物 operations を用意する。

28〜30:　for 文ブロック。

28:　for 文ブロックの先頭行。ファイル fp から 1 行ずつ取り出して，変数 sqlcmd に代入する。

29:　不要な制御文字（改行など）を除去する。

30:　SQL 命令文を operations に追加する。

32：　operations の中身を確認する。

35〜51:　for 文ブロック。operations の中の SQL 命令文を順番に実行して，結果を表示する。

35:　for 文ブロックの先頭行。operations から SQL 命令を一つずつ取り出して，作業変数 operation に代入する。なお，enumerate 関数は，繰り返しの番号を作るために使われている。その番号は no に代入される。

37:　カーソルオブジェクトから，作業変数 operation の SQL 命令を実行する。

38:　37 行で実行した SQL 命令は，SHOW 命令ならば，39〜44 の処理を行う。

39:　SQL 命令の番号を表示する。

40:　SQL 命令文を表示する。

41:　「問い合わせの結果：」を表示する。

42:　カーソルオブジェクトから実行結果を取得する。

43〜44:　実行結果の全タプルを表示する。

45:　37 行で実行した SQL 命令は，SELECT 命令ならば，46〜51 の処理を行う。

46:　SQL 命令の番号を表示する。

47:　SQL 命令文を表示する。

48:　「問い合わせの結果：」を表示する。

49:　カーソルオブジェクトから実行結果を取得する。

50〜51:　実行結果の全タプルを表示する。

54:　データベースとの接続を切断する。

**実行結果**

```
(base) C:¥Users¥fujino¥python3user¥Database>python ch7ex2.py
データベースへの接続が成功しました。
SQL No.5：
SHOW databases;
SHOW の結果：
```

```
('ecsiteinvoicedb',)
('flightdatabase',)
('information_schema',)
('jikanwaribase',)
('mysql',)
('performance_schema',)
('sampledb',)
('sys',)
('testbase',)
('testdb',)
SQL No.12：
SELECT * FROM customer;
問い合わせの結果：
('C1', '106-0023', '東京都港区高輪台 9-9-99', '03-1234-5678', '東海 太郎')
('C2', '123-2300', '東京都渋谷区松濤台 9-9-99', '03-5678-1234', '東海花子')
('C3', '213-2010', '東京都千代田区花松 9-9-99', '03-1111-2222', '高輪幸子')
SQL No.24：
SELECT * FROM goods;
問い合わせの結果：
('G1', 'シャツ M', 3150)
('G2', 'シューズ LR1', 7600)
('G3', 'アメリカンビーフ', 4200)
('G4', 'スニーカー', 7600)
('G5', 'ケーキ', 980)
('G6', 'カーディガン', 12000)
('G7', 'フライパン', 1024)
('G8', '靴下 TT', 650)
('G9', 'マフラー', 1500)
SQL No.38：
SELECT * FROM request;
('R3', 'C1', datetime.date(2020, 1, 8), 'G3', 3, datetime.date(2020, 1, 12))
('R4', 'C1', datetime.date(2020, 1, 8), 'G4', 2, datetime.date(2020, 1, 15))
('R5', 'C2', datetime.date(2020, 1, 5), 'G5', 2, datetime.date(2020, 1, 9))
('R6', 'C2', datetime.date(2020, 1, 6), 'G6', 1, datetime.date(2020, 1, 12))
('R7', 'C2', datetime.date(2020, 1, 8), 'G4', 2, datetime.date(2020, 1, 15))
('R8', 'C3', datetime.date(2020, 2, 5), 'G7', 2, datetime.date(2020, 2, 9))
```

```
('R9', 'C3', datetime.date(2020, 2, 6), 'G8', 1, datetime.
date(2020, 2, 12))
('R10', 'C3', datetime.date(2020, 2, 8), 'G9', 2, datetime.
date(2020, 2, 15))
('R11', 'C3', datetime.date(2020, 2, 10), 'G1', 1, datetime.
date(2020, 2, 16))
```

**《実行結果の解説》**

プログラムを実行すると，前述の設計結果にしたがって，MySQL に customer，goods と request の三つのテーブルが生成され，それらの中にデータが入力される。実行結果から，この三つのテーブルにデータが正しく入力されたことが確認できる。

なお，このプログラムを2度目に実行するとき，データベース ecsiteinvoicedb はすでに作成済というエラーメッセージが表示される。これに対処するために，ch7ex1.sql の一番先頭に下記の命令を追加してください。

```
DROP DATABASE IF EXISTS ecsiteinvoicedb;
```

この SQL 命令文は，「ecsiteinvoicedb がすでに存在するならば，それを削除する」という意味である。

## 演　習　問　題

**【7.1】** 例題 7.1 で作成したデータベースを用いて，顧客別請求書に必要なデータを SQL 命令文で取得せよ。

（1） 顧客別「お買い上げ明細」一覧表（顧客名，住所，電話番号，注文日，商品名，単価，数量，金額，発送日を含む)。ただし，顧客1名につき，一つの SQL 文で表示する。

（2） 顧客別「お買い上げ商品合計金額」。ただし，顧客1名につき，一つの SQL 文で表示する。

**【7.2】** 演習問題【7.1】で作成した SQL 命令をファイルに保存してから，下記仕様要求を実現する Python プログラムを作成せよ。

**仕様要求**

（1） MySQL サーバーのデータベース ecsiteinvoicedb への接続を行う。

（2） SQL 命令のファイルから SQL 命令を読み込む。

（3） SQL 命令を順番に実行する。

（4） SELECT 命令の場合は，実行結果を表示する。

（5） 接続を切断する。

# 8

# MongoDB の基本

1章から7章までは，関係データベース（RDB）を前提にデータベースの基本理論，SQL 命令および Python プログラムからの使い方について解説してきた。これ以降の8章から12章までは，いわゆる NoSQL 型のデータベースについて解説する。8章と9章では，MongoDB というデータベースの基本命令と Python プログラムからの使い方について説明する。10章と11章では，CouchDB というデータベースの基本命令と Python プログラムからの使い方について説明する。この章では，まず，MongoDB の概要と JSON データ形式について説明する。その上で，MongoDB シェルで使われるデータベースの各種操作命令について，例を示しながら詳しく解説する。

## 8.1 MongoDB の概要

〔1〕 **MongoDB**　MongoDB は，アメリカのソフトウェア会社 MongoDB Inc. によって提供されているオープンソースデータベース管理システムである。MongoDB は，「ドキュメント指向データベース」と呼ばれる種類のデータベースであり，NoSQL データベース1種である。MongoDB のおもな特徴を以下に示す。

・特にスキーマを使用しない。

・JSON 形式を採用して†，ドキュメントとしてデータを保存する。

・読み書きの性能が高い。

・スケールアウトが簡単にできる。

・分散システムによる実現が可能である。

† 正確には，MongoDB では BSON（バイナリ型 JSON）形式を使用している。しかし，本書では特に区別することがなく，JSON 形式を使用していると記述する。

・高度なセキュリティ機能を有する。

2章で述べたように，従来の関係データベース管理システムでは，データベース→テーブル→属性（列）の3階層構造でデータを格納する。MongoDBでは，データベース→コレクション→ドキュメントの3階層構造でデータを格納している。**図8.1**（図2.1のタイトルを書き換えただけ）に示すように，第1階層のMongoDBの中では，データベースを単位としてデータを管理する。

また，**図8.2**に示すように，第2階層のデータベースの中では，コレクションを単位としてデータを管理する。さらに第3階層のコレクションの中では，

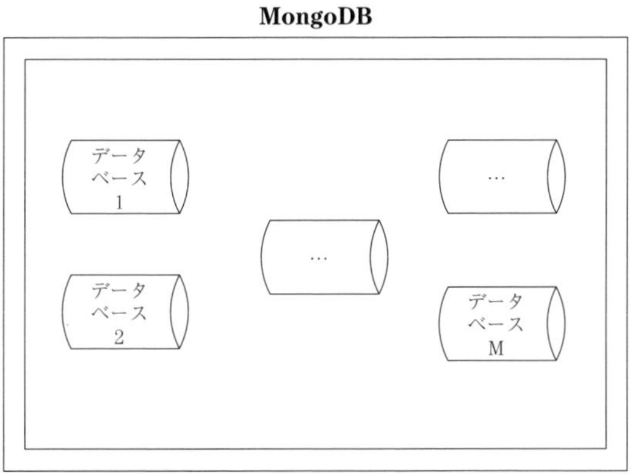


**図8.1**　データ管理の枠組み：データベース

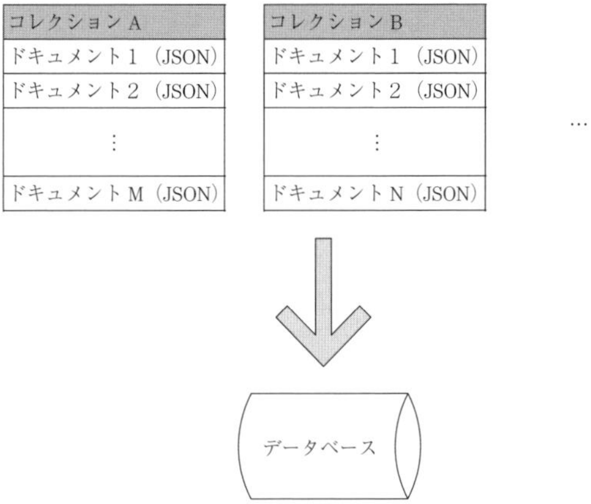


**図8.2**　データ管理の枠組み：コレクション

ドキュメントを単位としてデータを管理する。

そのため，MongoDBでは，従来の関係データベースやSQLと異なる用語が使われているので，その対比表を**表8.1**に示す。

**表8.1**　SQLとMongoDBの用語の対比表

| SQLの用語 | MongoDBの用語 |
| --- | --- |
| データベース | データベース |
| テーブル | コレクション |
| タプル，レコード，行 | ドキュメント |
| 属性，フィールド，列 | フィールド |
| プライマリキー，主キー | ObjectID |
| インデックス | インデックス |
| ビュー | ビュー |

〔**2**〕 **JSON**　前節では，MongoDBの特徴として，JSON形式を採用してドキュメントを保存することを述べたが，ここでは，JSON形式についてもう少し説明を付け加える。**JSON**とは，JavaScript Object Notationの略語で，JavaScriptにおけるオブジェクトの表記法に由来するもので，データ記述形式の一つである。名称にはJavaScriptを含まれているが，特にJavaScript言語に限定されるものではなく，多くのソフトウェアにおいて広く利用されている。

JSONのデータ形式について説明する。

基本フォーマット：｛キー1：バリュー1, キー2：バリュー2, … キーN：バリューN｝ のように，波カッコの中に，セミコロン区切りのキーとバリュー（値）の複数ペアを，カンマで区切って記述している。その一例を以下に示す。

```
{"name" : "山田太郎" , "age" , 25}
```

キーになり得るものは，ユニークな文字列である，JSONの場合は，キーの文字列には引用符を付けなければならない。また，バリューに成り得るおもなデータ型は以下の通りである。

・ブール値

・数値（整数，実数）

・文字列

・配列

・オブジェクト（JSON 形式）

ブール値，数値と文字列は単純な値に対して，配列とオブジェクトは集合的な値である。特に，もともと JSON はオブジェクトの記述形式なので，バリューにオブジェクトというのは，JSON 形式の入れ子が可能ということになる。

では，JSON 形式と SQL で使われる表形式と比べてみよう。まず，シンプルな JSON 形式は従来の表形式でも表せる。例えば，以下の 3 名の学生の情報があるとする。これを JSON 形式で記述すると，以下のようになる。

{"学生証番号" : "0BJT0000", "氏名" : "山田太郎", "郵便番号" : "123-4567", "住所" : "東京都港区白帆 7-77-777"}

{"学生証番号" : "0BJT0001", "氏名" : "田中花子", "郵便番号" : "321-7645", "住所" : "東京都港区海岸 8-88-888"}

{"学生証番号" : "0BJT0002", "氏名" : "鈴木博", "郵便番号" : "765-4321", "住所" : "東京都港区松濤 9-99-999"}

この情報を表形式で記述すると，**表 8.2** のようになる。表形式では，すべてのタプルは同じ属性集合の値なので，ヘッダーに属性名があるが，タプルの中には属性名を記述する必要がない。一方，JSON 形式では，すべてのドキュメントの中に，同じ属性を使用すると前提していないので，各ドキュメントの中に明示的に属性名を記述する必要がある。

**表 8.2**　学生の住所録を 2 次元表形式で表現したもの

| 学生証番号 | 氏　名 | 郵便番号 | 住　所 |
|---|---|---|---|
| 0BJT0000 | 山田太郎 | 123-4567 | 東京都港区白帆 7-77-777 |
| 0BJT0001 | 田中花子 | 321-7654 | 東京都港区海岸 8-88-888 |
| 0BJT0002 | 鈴木博 | 765-4321 | 東京都港区松濤 9-99-999 |

つぎに，バリューは JSON 形式のオブジェクトの例を見てみよう。例えば，先の 3 名の学生の情報に成績表というキーを付け加えることとする。成績表の場合は，成績の情報も，｛科目 1：成績 1, 科目 2：成績 2, …｝ のように，

JSON 形式で記述される。これらの情報をまとめて JSON 形式で記述すると，以下のようになる。

{"学生証番号" : "0BJT0000", "氏名" : "山田太郎", "郵便番号" : "123-4567", "住所" : "東京都港区白帆 7-77-777", "成績表" : {"プログラミング" : 88, "ネットワーク" : 60, "データベース" : 79}}
{"学生証番号" : "0BJT0001", "氏名" : "田中花子", "郵便番号" : "321-7645", "住所" : "東京都港区海岸 8-88-888", "成績表" : {"プログラミング" : 56, "オペレーティングシステム" : 85, "Web アプリケーション" : 94}}
{"学生証番号" : "0BJT0002", "氏名" : "鈴木博", "郵便番号" : "765-4321", "住所" : "東京都港区松濤 9-99-999", "電話番号" : "66-6666-6666", "成績表" : {"データマイニング" : 80, "オペレーティングシステム" : 71, "ネットワーク" : 75}}

このドキュメントを表形式で記述したものを**表 8.3** に示す。この例は，厳格な 2 次元表形式では，うまく表せないものである。実際には，学生の履修科目はバラバラなので，一つの表に入れようとしたら，全部の科目名の列を用意することが必要となる。そうすると，空セルが大変多くなるので，記憶領域の使用効率が悪くなる。

**表 8.3**　学生の成績表を 2 次元表形式で表現したもの

| 学生証番号 | 氏　名 | 郵便番号 | 住　所 | 成績表 | | | | | |
|---|---|---|---|---|---|---|---|---|---|
| | | | | プログラミング | ネットワーク | オペレーティングシステム | データベース | Web アプリケーション | データマイニング |
| 0BJT0000 | 山田太郎 | 123-4567 | 東京都港区白帆 7-77-777 | 88 | 60 | | 79 | | |
| 0BJT0001 | 田中花子 | 321-7654 | 東京都港区海岸 8-88-888 | 56 | | 85 | | 94 | |
| 0BJT0002 | 鈴木博 | 765-4321 | 東京都港区松濤 9-99-999 | | 75 | 71 | | | 80 |

最後に，MongoDB のデータ形式と JSON 形式の違いについて簡単に述べておく。JSON では，｛キー：バリュー｝のように，要素のペアを「キー」と「バリュー」で呼び，キーは引用符で文字列を囲むように記述するのに対し，MongoDB では，｛フィールド：値｝のように，「フィールド」と「値」で呼び，フィールドは引用符なしの文字列で記述することができる。また，MongoDB では標準的な JSON 形式よりも，いくつかデータ型が拡張されている。

## 8.2　MongoDB の基本操作
### — データベース，コレクションの作成，確認と削除 —

Windows10 の環境における MongoDB の導入作業については，付録 A.2 を参照してほしい。導入作業をすべて終えてから，コマンドプロンプトを起動して，「mongo」と入力すれば，Mongo シェルと呼ばれる MongoDB のクライアントが起動される。

```
C:¥Users¥fujino¥mongodbuser>mongo
MongoDB shell version v4.2.3
connecting to: mongodb://127.0.0.1:27017/?compressors=
disabled&gssapiServiceName=mongodb
Implicit session: session { "id" : UUID("0671664e-3fc1-41af-b4c3-
fbe5f64b181d") }

「表示の一部が省略」
---

>
```

ここの「>」は入力場所を示す記号で，その右に Mongo クエリ言語の命令を入力する。これからは，いくつかの実行例に分けて，Mongo シェルの命令について説明するが，まずは，一般的な注意事項を以下に示す。

- コメントは行の先頭に「//」を入れる。
- データ操作の命令の形式：db. オブジェクト名 . メソッド名 ( )
- 予約語の大文字と小文字が区別される。
- データは以下に示す JSON 形式で与える。

　{フィールド 1：値 1，フィールド 2：値 2，フィールド N：値 N}

データベース，コレクションの作成，確認と削除に使用する命令文を以下に示す。

```
show dbs
```

☞データベースの一覧を表示する。ただし，コレクションのないデータベースが表示されない。

```
use データベース名
```

☞これ以降，指定されたデータベースを使用する。もし，指定されたデータベースが存在しない場合は，自動的に作成する。

```
db.createCollection("コレクション名")
```

☞コレクションを明示的に生成する。

```
db. コレクション名 .insert(JSON 形式 )
```

☞コレクションの中にドキュメントを入れる。もし，指定されたコレクションが存在しない場合は，自動的に作成する。

```
show collections
```

☞コレクションの一覧を表示する。

```
db. コレクション名 .drop( )
```

☞コレクションを削除する。

```
db.dropDatabase( )
```

☞use 命令で指定されたデータベースを削除する。

**⚠注意**：MongoDB では，明示的にデータベース，コレクションを生成する必要がない。use 命令で新規のデータベース名を指定した後，insert 命令でコレクション名を指定して，ドキュメントを入れると，そのデータベースとコレクションが生成される。

---

**【例題 8.1】**　以下の命令文を Mongo シェルから順番に入力して実行する。各命令文の実行結果を確認し，その意味を理解せよ。

---

**命令文**

```
use testbase
show dbs
db.createCollection("memberlist")
db.memberlist.insert({name:"山田太郎", age:21})
db.memberlist.insert({name:"田中花子", age:20})
show dbs
show collections
db.memberlist.drop()
show collections
db.dropDatabase()
```

```
11:  show dbs
```

〔ファイル名：ch8ex1.txt〕

### 《命令文の解説》

1: testbaseを使用する。

2: データベースの一覧を表示する。

3: コレクションmemberlistを生成する。

4: memberlistにドキュメントを挿入する。ドキュメントの中身は，「名前は山田太郎，年齢は21歳」という内容である。

5: memberlistにドキュメントを挿入する。ドキュメントの中身は，「名前は田中花子，年齢は20歳」という内容である。

6: データベースの一覧を表示する。

7: コレクションの一覧を表示する。

8: コレクションmemberlistを削除する。

9: コレクションの一覧を表示する（コレクション削除の結果を確認する）。

10: 現在使用中のデータベースを削除する。

11: データベースの一覧を表示する（データベース削除の結果を確認する）。

**実行結果**

```
> use testbase
switched to db testbase
> show dbs
admin   0.000GB
config  0.000GB
local   0.000GB
> db.createCollection("memberlist")
{ "ok" : 1 }
> db.memberlist.insert({name:"山田太郎", age:21})
WriteResult({ "nInserted" : 1 })
> db.memberlist.insert({name:"田中花子", age:20})
WriteResult({ "nInserted" : 1 })
> show dbs
admin     0.000GB
config    0.000GB
local     0.000GB
testbase  0.000GB
> show collections
memberlist
> db.memberlist.drop()
```

```
true
> show collections
> db.dropDatabase()
{ "dropped" : "testbase", "ok" : 1 }
> show dbs
admin   0.000GB
config  0.000GB
local   0.000GB
```

**《実行結果の解説》**

「use testbase」のつぎの「show dbs」の結果では，testbaseが確認できないが，コレクション名を指定して，データを挿入した後の「show dbs」の結果には，testbaseが確認できる。

また，7行目の「show collections」の結果では，memberlistが表示されている。

しかし，9行目の「show collections」の結果にはそれが表示されないことから，コレクションmemberlistが削除されたことが確認できる。さらに，6行目の「show dbs」の結果にあるtestbaseが，11行目の「show dbs」の結果にはないことから，データベースtestbaseが削除されたことが確認できる。

## 8.3 MongoDBの基本操作

### ― ドキュメントの表示，更新と削除 ―

ドキュメントの表示，変更と削除を行う命令文を以下に示す。

db．コレクション名 .count( )

☞コレクションにあるドキュメントの件数を表示する。

db．コレクション名 .find( )

☞コレクションにあるすべてのドキュメントの内容を表示する。

db．コレクション名 .update( クエリ ,{$set:{ 指定フィールド : 指定値 }});

☞クエリでコレクションを検索して，該当するドキュメントにある「指定フィールド」に対応する値を「指定値」に変更する。「指定フィールド」が存在しなければ，新規のフィールドとして追加する。

db．コレクション名 .remove( クエリ )

☞クエリでコレクションを検索して，該当するドキュメントを削除する。

**【例題 8.2】** 以下の命令文を Mongo シェルから順番に入力して実行する。各命令文の実行結果を確認し，その意味を理解せよ。

**命令文**

```
1:  use testbase;
2:  db.createCollection("memberlist")
3:  db.memberlist.insert({名前:"東海太郎", 性別:"男", 年齢:22});
4:  db.memberlist.insert({名前:"高輪美奈子", 性別:"女", 年齢:20});
5:  db.memberlist.insert({名前:"品川次郎", 住所:"東京都港区高輪 9-99-
    999", 電話番号:"88-8888-8888"})
6:  show dbs
7:  show collections
8:  db.memberlist.count()
9:  db.memberlist.find()
10: db.memberlist.update({名前:"品川次郎"},{$set:{電話番号:"77-
    7777-7777"}})
11: db.memberlist.find()
12: db.memberlist.update({名前:"品川次郎"},{$set:{携帯番号:"99-
    9999-9999"}})
13: db.memberlist.find()
14: db.memberlist.remove({name:"東海太郎"})
15: db.memberlist.find()
16: db.memberlist.drop()
17: db.dropDatabase()
18: show dbs
```

〔ファイル名：ch8ex2.txt〕

### 《命令文の解説》

1:　testbase を使用する。

2:　コレクション memberlist を明示的に生成する。

3:　memberlist にドキュメント「名前は東海太郎，…」を挿入する。

4:　memberlist にドキュメント「名前は高輪美奈子，…」を挿入する。

5:　memberlist にドキュメント「名前は品川次郎，…」を挿入する。

6:　データベースの一覧を表示する。testbase が生成されたことを確認する。

7:　コレクションの一覧を表示する。

8:　memberlist にあるドキュメントの件数を表示する。

9:　memberlist にあるドキュメントをすべて表示する。

10:　memberlist から「名前は品川次郎，…」ドキュメントを検索して，その電話番号を変更する。

11: memberlistにあるドキュメントをすべて表示する。品川次郎の電話番号が変更されたことを確認する。

12: memberlistから「名前は品川次郎，…」ドキュメントを検索して，その中に，携帯番号を追加する。

13: memberlistにあるドキュメントをすべて表示する。品川次郎のドキュメントに携帯番号が追加されたことを確認する。

14: memberlistから「名前は東海太郎」のドキュメントを検索して，該当するものを削除する。

15: memberlistにあるドキュメントをすべて表示する。東海太郎のドキュメントが削除されたことを確認する。

16: コレクションmemberlistを削除する。

17: 現在使用中のデータベースを削除する。

18: データベースの一覧を表示する。testbaseが削除されたことを確認する。

**実行結果**

```
> use testbase;
switched to db testbase
> db.createCollection("memberlist")
{ "ok" : 1 }
> db.memberlist.insert({ 名前 :"東海太郎", 性別 :"男", 年齢 :22});
WriteResult({ "nInserted" : 1 })
> db.memberlist.insert({ 名前 :"高輪美奈子", 性別 :"女", 年齢 :20});
WriteResult({ "nInserted" : 1 })
> db.memberlist.insert({ 名前 :"品川次郎", 住所 :"東京都港区高輪 9-99-
999", 電話番号 :"88-8888-8888"})
WriteResult({ "nInserted" : 1 })
> show dbs
admin     0.000GB
config    0.000GB
local     0.000GB
testbase  0.000GB
> show collections
memberlist
> db.memberlist.count()
3
> db.memberlist.find()
{ "_id" : ObjectId("5e5b86e20f0b6281d5372b43"), "名前" : "東海太郎",
"性別" : "男", "年齢" : 22 }
{ "_id" : ObjectId("5e5b86e20f0b6281d5372b44"), "名前" : "高輪美奈子
", "性別" : "女", "年齢" : 20 }
```

```
{ "_id" : ObjectId("5e5b86e20f0b6281d5372b45"), "名前" : "品川次郎",
"住所" : "東京都港区高輪 9-99-999", "電話番号" : "88-8888-8888" }
> db.memberlist.update({ 名前 :"品川次郎"},{$set:{ 電話番号 :"77-7777-
7777"}})
WriteResult({ "nMatched" : 1, "nUpserted" : 0, "nModified" : 1 })
> db.memberlist.find()
{ "_id" : ObjectId("5e5b86e20f0b6281d5372b43"), "名前" : "東海太郎",
"性別" : "男", "年齢" : 22 }
{ "_id" : ObjectId("5e5b86e20f0b6281d5372b44"), "名前" : "高輪美奈子
", "性別" : "女", "年齢" : 20 }
{ "_id" : ObjectId("5e5b86e20f0b6281d5372b45"), "名前" : "品川次郎",
"住所" : "東京都港区高輪 9-99-999", "電話番号" : "77-7777-7777" }
> db.memberlist.update({ 名前 :"品川次郎"},{$set:{ 携帯番号 :"99-9999-
9999"}})
WriteResult({ "nMatched" : 1, "nUpserted" : 0, "nModified" : 1 })
> db.memberlist.find()
{ "_id" : ObjectId("5e5b86e20f0b6281d5372b43"), "名前" : "東海太郎",
"性別" : "男", "年齢" : 22 }
{ "_id" : ObjectId("5e5b86e20f0b6281d5372b44"), "名前" : "高輪美奈子
", "性別" : "女", "年齢" : 20 }
{ "_id" : ObjectId("5e5b86e20f0b6281d5372b45"), "名前" : "品川次郎",
"住所" : "東京都港区高輪 9-99-999", "電話番号" : "77-7777-7777", "携帯番
号" : "99-9999-9999" }
> db.memberlist.remove({name:"東海太郎"})
WriteResult({ "nRemoved" : 0 })
> db.memberlist.find()
{ "_id" : ObjectId("5e5b86e20f0b6281d5372b43"), "名前" : "東海太郎",
"性別" : "男", "年齢" : 22 }
{ "_id" : ObjectId("5e5b86e20f0b6281d5372b44"), "名前" : "高輪美奈子
", "性別" : "女", "年齢" : 20 }
{ "_id" : ObjectId("5e5b86e20f0b6281d5372b45"), "名前" : "品川次郎",
"住所" : "東京都港区高輪 9-99-999", "電話番号" : "77-7777-7777", "携帯番
号" : "99-9999-9999" }
> db.memberlist.drop()
true
> db.dropDatabase()
{ "dropped" : "testbase", "ok" : 1 }
> show dbs
admin   0.000GB
config  0.000GB
local   0.000GB
```

**《実行結果の解説》**

6 行目の「show dbs」の結果から，testbase が確認できる。7 行目の「show collections」の結果から，memberlist が確認できる。9 行目の find 命令の結果から，memberlist にある 3 件でドキュメントが確認できる。ここで特に 3 件目の品川次郎のドキュメントのフィールドは，1 件目と 2 件目と違うことが注意してほしい。

その後，11 行目の find 命令の結果から，品川次郎の電話番号が「77-7777-7777」に変更されたことが確認できる。そして，13 行目の find 命令の結果から，品川次郎のドキュメントに携帯番号「99-9999-9999」が追加されたことが確認できる。さらに，15 行目の find 命令の結果から，東海太郎のドキュメントが削除されたことが確認できる。

## 8.4 MongoDB の基本操作
### ― 検　索 ―

前節では，引数なしの find( ) メソッドを使って，コレクションにあるドキュメントを表示したが，じつは，一般に find( クエリ ) は MongoDB のデータ検索メソッドである。この節では，その使い方について，詳しく解説する。

まずは，find( ) メソッドの一般的な書き方を以下に示す。

```
db. コレクション名 .find( クエリ指定，フィールド指定 )
```

クエリ指定は，ドキュメントを見つけるための検索条件を示すものである。最もシンプルの場合は，{フィールド：値} の形で与えるが，複数検索条件の論理演算にも対応できるようになっている。

また，フィールド指定は，表示したいフィールドを示すものである。基本的に {フィールド：0 または 1} 形で与える。フィールドの値に 1 を与えるとそのフィールドが表示される。特に表示したくないフィールド（例えば，ドキュメント ID の _id）があれば，その値に 0 を与える。

これからは，クエリ指定の書き方について詳しく説明する。

**単純なクエリの書き方 1**：

```
{フィールド：値}
```

☞ これにより，「フィールド：値」を含むドキュメントが表示される。

**単純なクエリの書き方 2**：

{フィールド 1：値 1, フィールド 2：値 2}

☞ これにより，「フィールド 1：値 1」と「フィールド 2：値 2」の両方を含むドキュメントが表示される。

もう少し高度な検索を行うために，MongoDB シェルでは比較演算と論理演算を用いてクエリを記述することができる。単純クエリで使用できる主な条件演算子を**表 8.4** に示す。

**表 8.4**　Mongo シェルのおもな条件演算子

| 演算記号 | 意　味 | 書き方の例 |
|---|---|---|
| なし | 等しい | {price:10000} |
| $gt | より大きい | {price:{$gt:10000}} |
| $gte | 以　上 | {price:{$gte:10000}} |
| $lt | より小さい | {price:{$lt:10000}} |
| $lte | 以　下 | {price:{$lte:10000}} |
| $ne | 等しくない | {price:{$ne:10000}} |
| $exist | 存在のチェック | {price:{$exist:false}} |
| $in | 候補リストにある | {$in:["yamada","tanaka"]} |
| $nin | 候補リストにない | {$nin:["yamada","tanaka"]} |

さらに，論理演算を用いて，単純クエリを複合することができる。論理演算の記号とそれを用いた複合クエリの書き方を**表 8.5** に示す。

**表 8.5**　Mongo シェルの論理演算子

| 演算記号 | 意　味 | 書き方の例 |
|---|---|---|
| $and | 論理積，かつ | $and:[{name:"apple"},{price:1000}] |
| $or | 論理和，または | $or:[{name:"apple"},{price:1000}] |
| $not | 論理否定，でない | $not:[{name:"apple"}] |

**【例題 8.3】**　以下の命令文を Mongo シェルから順番に入力して実行する。各命令文の実行結果を確認し，その意味を理解せよ。

**命令文**

```
1:  use seisekibase;
2:  db.createCollection("seiseki")
3:  db.seiseki.insert({学生証番号:"0BJT0000",氏名:"山田太郎",郵便番号:"123-4567",住所:"東京都港区白帆7-77-777", 成績表:{プログラミング:88,ネットワーク:60,データベース:79}})
4:  db.seiseki.insert({学生証番号:"0BJT0001",氏名:"田中花子",郵便番号:"321-7654",住所:"東京都港区海岸8-88-888", 成績表:{プログラミング:56,オペレーティングシステム:85,Webアプリケーション:94}})
5:  db.seiseki.insert({学生証番号:"0BJT0002",氏名:"鈴木博",郵便番号:"765-4321",住所:"東京都港区松濤9-99-999", 電話番号:"66-6666-6666",成績表:{データマイニング:80,オペレーティングシステム:71,ネットワーク:75}})
6:  db.seiseki.find({学生証番号:"0BJT0000"})
7:  db.seiseki.find({学生証番号:"0BJT0000"},{氏名:1,成績表:1,_id:0})
8:  db.seiseki.find({"成績表.プログラミング":{$exists:true}},{氏名:1,成績表:1,_id:0})
9:  db.seiseki.find({"成績表.プログラミング":{$gte:60}},{氏名:1,成績表:1,_id:0})
10: db.seiseki.find({氏名:{$nin:["山田太郎","田中花子"]}},{氏名:1,成績表:1,_id:0})
11: db.seiseki.find({"成績表.プログラミング":{$gte:60},"成績表.ネットワーク":{$gte:60}},{氏名:1,成績表:1,_id:0})
12: db.seiseki.find({$and:[{"成績表.プログラミング":{$gte:60}},{"成績表.ネットワーク":{$gte:60}}]},{氏名:1,成績表:1,_id:0})
13: db.seiseki.find({$or:[{"成績表.プログラミング":{$gte:60}},{"成績表.ネットワーク":{$gte:60}}]},{氏名:1,成績表:1,_id:0})
14: db.seiseki.drop()
15: db.dropDatabase()
```

〔ファイル名：ch8ex3.txt〕

**《命令文の解説》**

1:　seisekibase を使用する。

2:　コレクション seiseki を明示的に生成する。

3:　seiseki にドキュメント「学生証番号は 0BJT0000，…」を挿入する。ここでは，フィールド成績表の値も，{フィールド：値，…} の JSON 形式になっている。つまり，フィールド成績表の値には，オブジェクトを使っている。

4:　seiseki にドキュメント「学生証番号は 0BJT0001，…」を挿入する。3 行目と同じく，フィールド成績表の値には，オブジェクトを使っているが，科目名が異なる。

5:　seiseki にドキュメント「学生証番号は 0BJT0002，…」を挿入する。3 行目と同じく，フィールド成績表の値には，オブジェクトを使っているが，科目名が異なる。

6: seiseki から「学生証番号は 0BJT0000」のドキュメントを見つけて，そのすべてのフィールドを表示する。

7: seiseki から「学生証番号は 0BJT0000」のドキュメントを見つけて，その氏名，成績表を表示する。ただし，_id のフィールドを表示しない。

8: seiseki から「成績表のプログラミング」科目が存在するドキュメントを見つけて，その氏名，成績表を表示する。ただし，_id のフィールドを表示しない。ここは，フィールドの値はオブジェクトの場合，"親フィールド.子フィールド"のようにフィールド名を書く。また，この場合は，引用符を省略することができない。

9: seiseki から「成績表のプログラミング」の成績が 60 点以上のドキュメントを見つけて，その氏名，成績表を表示する。ただし，_id のフィールドを表示しない。

10: seiseki から「氏名が，山田太郎と田中花子でないのドキュメントを見つけて，その氏名，成績表を表示する。ただし，_id のフィールドを表示しない。

11: seiseki から「成績表のプログラミング」の成績が 60 点以上，かつ「成績表のネットワーク」の成績が 60 点以上のドキュメントを見つけて，その氏名，成績表を表示する。ただし，_id のフィールドを表示しない。

12: seiseki から「成績表のプログラミング」の成績が 60 点以上，と「成績表のネットワーク」の成績が 60 点以上の論理積のドキュメントを見つけて，その氏名，成績表を表示する。ただし，_id のフィールドを表示しない。

13: seiseki から「成績表のプログラミング」の成績が 60 点以上，と「成績表のネットワーク」の成績が 60 点以上の論理和のドキュメントを見つけて，その氏名，成績表を表示する。ただし，_id のフィールドを表示しない。

14: コレクション seiseki を削除する。

15: 現在使用中のデータベースを削除する。

**実行結果**

```
> use seisekibase;
switched to db seisekibase
> db.createCollection("seiseki")
{ "ok" : 1 }
> db.seiseki.insert({ 学生証番号 :"0BJT0000", 氏名 :"山田太郎", 郵便番
号 :"123-4567", 住所 :"東京都港区白帆 7-77-777",  成績表 :{ プログラ ミン
グ :88, ネットワーク :60, データベース :79}})
WriteResult({ "nInserted" : 1 })
> db.seiseki.insert({ 学生証番号 :"0BJT0001", 氏名 :"田中花子", 郵便番
号 :"321-7645", 住所 :"東京都港区海岸 8-88-888",  成績表 :{ プログラ ミン
グ :56, オペレーティングシステム :85,Web アプリケーション :94}})
```

```
WriteResult({ "nInserted" : 1 })
> db.seiseki.insert({学生証番号:"0BJT0002",氏名:"鈴木博",郵便番
号:"765-4321",住所:"東京都港区松濤9-99-999",電話番号:"66-6666-6666",
成績表:{データマイニング:80,オペレーティングシステム:71,ネットワーク:75}})
WriteResult({ "nInserted" : 1 })
> db.seiseki.find({学生証番号:"0BJT0000"})
{ "_id" : ObjectId("5e5ceff84560145a6efb3e25"), "学生証番号" :
"0BJT0000", "氏名" : "山田太郎", "郵便番号" : "123-4567", "住所" : "東
京都港区白帆7-77-777", "成績表" : { "プログラミング" : 88, "ネットワーク"
: 60, "データベース" : 79 } }
> db.seiseki.find({学生証番号:"0BJT0000"},{氏名:1,成績表:1,_id:0})
{ "氏名" : "山田太郎", "成績表" : { "プログラミング" : 88, "ネットワーク"
: 60, "データベース" : 79 } }
> db.seiseki.find({"成績表.プログラミング":{$exists:true}},{氏名:1,成
績表:1,_id:0})
{ "氏名" : "山田太郎", "成績表" : { "プログラミング" : 88, "ネットワーク"
: 60, "データベース" : 79 } }
{ "氏名" : "田中花子", "成績表" : { "プログラミング" : 56, "オペレーティン
グシステム" : 85, "Webアプリケーション" : 94 } }
> db.seiseki.find({"成績表.プログラミング":{$gte:60}},{氏名:1,成績
表:1,_id:0})
{ "氏名" : "山田太郎", "成績表" : { "プログラミング" : 88, "ネットワーク"
: 60, "データベース" : 79 } }
> db.seiseki.find({氏名:{$nin:["山田太郎","田中花子"]}},{氏名:1,成績
表:1,_id:0})
{ "氏名" : "鈴木博", "成績表" : { "データマイニング" : 80, "オペレーティン
グシステム" : 71, "ネットワーク" : 75 } }
> db.seiseki.find({"成績表.プログラミング":{$gte:60},"成績表.ネットワー
ク":{$gte:60}},{氏名:1,成績表:1,_id:0})
{ "氏名" : "山田太郎", "成績表" : { "プログラミング" : 88, "ネットワーク"
: 60, "データベース" : 79 } }
> db.seiseki.find({$and:[{"成績表.プログラミング":{$gte:60}},{"成績
表.ネットワーク":{$gte:60}}]},{氏名:1,成績表:1,_id:0})
{ "氏名" : "山田太郎", "成績表" : { "プログラミング" : 88, "ネットワーク"
: 60, "データベース" : 79 } }
> db.seiseki.find({$or:[{"成績表.プログラミング":{$gte:60}},{"成績
表.ネットワーク":{$gte:60}}]},{氏名:1,成績表:1,_id:0})
{ "氏名" : "山田太郎", "成績表" : { "プログラミング" : 88, "ネットワーク"
: 60, "データベース" : 79 } }
{ "氏名" : "鈴木博", "成績表" : { "データマイニング" : 80, "オペレーティン
グシステム" : 71, "ネットワーク" : 75 } }
> db.seiseki.drop()
true
> db.dropDatabase()
{ "dropped" : "seisekibase", "ok" : 1 }
```

**《実行結果の解説》**

実行結果から，各種検索条件の要求にしたがって，必要なデータが表示されていることが確認できる。

## 演　習　問　題

**準備作業**

演習問題の練習材料として，日本の都道府県の基本情報を利用する。今回は，すでに都道府県情報の csv ファイル todoufuken.csv が用意されているものとして，それを利用して MongoDB のコレクションを作成する。todoufuken.csv をカレントディレクトリにコピーしてから，Windows のコマンドプロンプトから以下のように実行する。

```
>mongoimport -d todoufukenbase -c todoufuken --type csv --file todoufuken.
csv --headerline
```

ここでは，-d のつぎにデータベース名，-c の次にコレクション名，--file のつぎにファイル名を与える。また，--headerline によって，csv ファイルの 1 行目はフィールド名を記述するヘッダーであることを指定する。

このコマンドの実行結果は以下のようになる。

```
C:¥Users¥fujino¥mongodbuser>mongoimport -d todoufukenbase -c todoufuken
--type csv --file todoufuken.csv --headerline
2020-03-02T12:28:37.489+0900    connected to: mongodb://localhost/
2020-03-02T12:28:37.575+0900    47 document(s) imported successfully.
0 document(s) failed to import.
```

**【8.1】** コレクション todoufuken について，Mongo シェルの命令文を作成して以下の要求を実現せよ。

**仕様要求**

（1） データベース名 todoufukenbase が作成されたことを確認する。

（2） コレクション todoufuken が作成されたことを確認する。

（3） コレクション todoufuken にあるドキュメントをすべて表示して，その内容を確認する。

**【8.2】** コレクション todoufuken について，Mongo シェルの命令文を作成して以下の要求を実現せよ。ただし，各小問において，_id のフィールドを表示しないものとする。

**仕様要求**

（1） 人口 1 000 万人以上の都道府県の全フィールドを表示する。

（2） 人口 100 万人以下の都道府県の県名，県庁所在地と人口を表示する。

（3） 面積 8 000 $km^2$ 以上の都道府県の全フィールドを表示する。

（4） 面積 3 000 $km^2$ 以下の都道府県の県名，県庁所在地と面積を表示する。

**【8.3】** コレクション todoufuken について，Mongo シェルの命令文を作成して以下の要求を実現せよ。ただし，各小問において，_id のフィールドを表示しないものとする。

**仕様要求**

（1） 人口 100 万人以下，または人口 1 000 万人以上の都道府県の県名，人口を表示する。

（2） 人口 800 万人以上，かつ面積 3 000 $km^2$ 以下の都道府県の県名，人口と面積を表示する。

# 9

# Python から MongoDB を利用する

8 章では，ドキュメント型データベース MongoDB について紹介し，それを操作するための基本命令について解説した。この章では，まず，Python プログラムから MongoDB にアクセスする手法について説明する。その上で，応用例として，全国郵便番号データベースと空港フライトのデータベースを作成して，データ検索を行う。

## 9.1 Python から MongoDB にアクセスするために

Python から MongoDB にアクセスするために，pymongo[†] というライブラリが必要となる。その導入作業については，付録 A.2 を参照してほしい。では，動作確認も兼ねて，問い合わせ処理の例題を一つ作ってみよう。

---

**【例題 9.1】** 下記仕様要求を実現する Python プログラムを作成せよ。

**仕様要求**

（1） MongoDB データベースサーバーに接続する。

（2） データベース testbase，コレクション memberlist を作成して，その中に二人分の名前と年齢を入れる。

（3） データベースに名前で問い合わせて，その結果を表示する。

（4） データベース testbase を削除する。

---

† https://pypi.org/project/pymongo/

**ソースコード**

```
1:  # MongoDB アクセステスト
2:  from pymongo import MongoClient
3:
4:  # MongoDB に接続
5:  client = MongoClient("localhost", 27017)
6:  db = client["testbase"]
7:  collection = db["memberlist"]
8:  # MongoDB にデータを挿入する
9:  memberdata=[{"name":"山田太郎", "age":21}, {"name":"田中花子",
    "age":20}]
10: result = collection.insert_many(memberdata)
11: # MongoDB に問い合わせる
12: query = {"name": "山田太郎"}
13: projection={"_id":0}
14: results=collection.find(query, projection)
15: # 問い合わせの結果を表示する
16: for result in results:
17:     print(result)
18: # testbase を削除
19: client.drop_database(db)
```

〔ファイル名：ch9ex1.py〕

### 《ソースコードの解説》

2:　MongoDB にアクセスするためのライブラリを読み込む。

5:　MongoDB に接続して，クライアントを作成する。

6:　データベースを testbase に指定する。

7:　コレクションを memberlist に指定する。

9:　コレクションに入れるためのデータを用意する。複数のドキュメントをリストに入れる。

10:　用意したデータをコレクションに入れる。insert_many( ) は一度に複数のドキュメントを入れるメソッドである。

12:　クエリを指定する。

13:　射影を指定する。ここでは，「_id」表示しないように指定した。

14:　指定されたクエリと射影でコレクションを検索する。

16〜17:　検索結果を表示する。

19:　testbase を削除する。

**実行結果**

```
(base) C:¥Users¥fujino¥python3user¥Database>python ch9ex1.py
{'name': '山田太郎', 'age': 21}
```

《実行結果の解説》

MongoDB に正常に接続できたことが確認できる。指定されたコレクションから，クエリ「名前が山田太郎」のドキュメントを抽出して表示できたことが確認できる。

## 9.2　郵便番号データベースの作成

この節では，MongoDB の応用例をとして，日本全国の郵便番号データベースを作成する。作業の手順は以下の通りである。

### 〔1〕　郵便番号データをダウンロード

郵便番号のデータセットは，日本郵便の Web サイト[†1] からダウンロードできるが，住所の郵便番号と事業所の郵便番号とは別々のファイルとなっている。ここでは，住所.jp という Web サイト[†2] からこれらのファイルを一つにまとめたものがあるので，それをダウンロードして郵便番号データベースを作成する。住所.jp にアクセスすると，**図 9.1** のようなトップページが表示される。

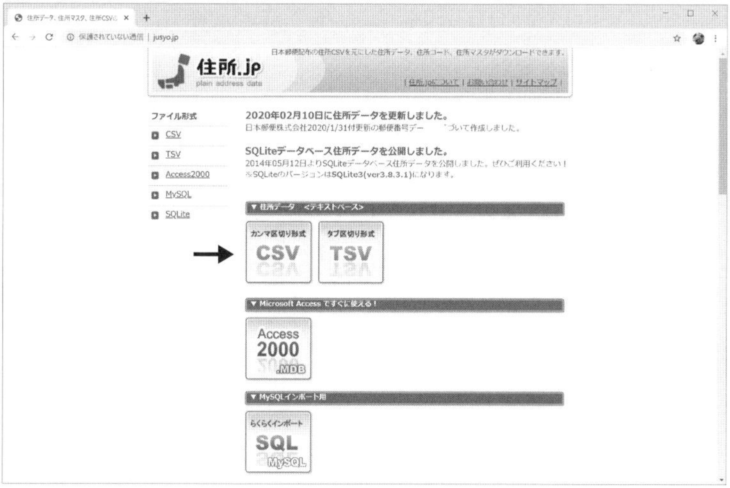


**図 9.1**

---

†1　https://www.post.japanpost.jp/zipcode/download.html

†2　http://jusyo.jp/

ここで,「カンマ区切り形式 CSV」をクリックすると**図 9.2** のようなページが表示される。

**図 9.2**

このページの「全国」の下にある csv_zenkoku.zip をダウンロードする。

**〔2〕 zip ファイルを展開**

ダウンロードしたファイル csv_zenkoku.zip にマウスで右クリックして,「すべて展開」を選択する。

**〔3〕 CSV ファイルの文字コードを UTF-8 に変更する**

展開したファイル zenkoku.csv を TeraPad[†]で開く, そして, **図 9.3** のように,「ファイル」メニューから「文字/改行コード指定保存」を選択する。
文字コードを「UTF-8」に設定して,「名前を付けて保存」を選択して,「OK」ボタンをクリックする。そして, ファイル名のところに「zenkoku-utf8.csv」を入力して, 保存する。

**〔4〕 MongoDB にインポートする**

zenkoku-utf8.csv をカレントディレクトリにコピーしてから, Windows のコマンドプロンプトから以下のように入力して実行する。

---

† https://tera-net.com/

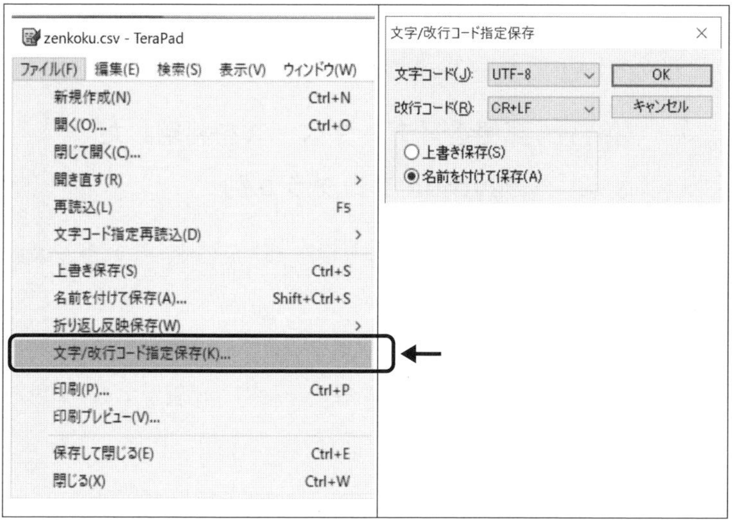


**図 9.3**

```
mongoimport -d zipcodebase -c zipcode --type csv --file zenkoku-utf8.
csv --headerline
```

ここでは，-d のつぎにデータベース名，-c のつぎにコレクション名，--file のつぎにファイル名を与える。また，--type のつぎに，ファイルのタイプを与える。最後に，--headerline によって，csv ファイルの 1 行目はフィールド名を記述するヘッダーであることを指定する。このコマンドの実行結果を以下に示す。

**実行結果**

```
C:¥Users¥fujino¥mongodbuser>mongoimport -d zipcodebase -c zipcode
--type csv --file zenkoku-utf8.csv --headerline
2020-03-05T14:27:15.294+0900    connected to: mongodb://localhost/
2020-03-05T14:27:18.295+0900    [####################....] zipcodebase.
zipcode  21.5MB/25.7MB (83.8%)
2020-03-05T14:27:18.873+0900    [#######################.] zipcodebase.
zipcode  25.7MB/25.7MB (100.0%)
2020-03-05T14:27:18.874+0900    149551 document(s) imported successfully.
0 document(s) failed to import.
```

この実行結果から，実行時間は 3.58 秒で，データの件数は 149551 であることが確認できる。

## 9.3 郵便番号データベースを利用した Python プログラム例

MongoDB に郵便番号のデータベースを用意できたので，これからは Python による応用例を示していく。

**〔1〕 郵便番号から住所を検索するプログラム**

一つ目の応用例として，郵便番号から住所を検索して表示するプログラムを作成してみよう。

---

**【例題 9.2】** 下記仕様要求を実現する Python プログラムを作成せよ。

**仕様要求**

（1） MongoDB にある郵便番号データベースに接続する。

（2） 郵便番号を与えて，住所を検索する。

（3） 事業所の場合とそうでない場合に分けて，検索の結果を郵便番号の順に表示する。

---

ソースコード

```
# 郵便番号データベース：郵便番号から住所を検索
from pymongo import MongoClient

# MongoDB に接続
client = MongoClient("localhost", 27017)
db = client["zipcodebase"]
collection = db["zipcode"]
# 郵便番号を指定して検索する
query = {"郵便番号": "103-0013"} # 住所の郵便番号
#query = {"郵便番号": "060-8406"} # 事業所の郵便番号
# 郵便番号の範囲を指定して検索する
#startzipcode="060-0007"
#stopzipcode="060-0010"
#query = {"$and":[{"郵便番号":{"$gte":startzipcode}}, {"郵便番号":{"$lte":stopzipcode}}]}
```

```
15: # 射影を指定
16: projection={"_id":0}
17: # 検索結果を受け取る
18: results=collection.find(query,projection)
19: # 検索結果を郵便番号でソート
20: results_sorted = sorted(results, key=lambda x:x["郵便番号"])
21: # 検索結果から各要素を取り出す
22: for result in results_sorted:
23:     print(result["郵便番号"])
24:     # 事業所の判別
25:     if result["事業所フラグ"]==0:
26:         print(result["都道府県"],result["市区町村"])
27:         print(result["町域"],result["字丁目"])
28:     else:
29:         print(result["事業所名"].replace("　",""))
30:         print(result["都道府県"],"市区町村")
31:         print(result["事業所住所"])
32:     print("------------------------")
```

〔ファイル名：ch9ex2.py〕

### 《ソースコードの解説》

2: MongoDB にアクセスするためのライブラリを読み込む。

5: MongoDB に接続して，クライアントを作成する。

6: データベースを zipcodebase に指定する。

7: コレクションを zipcode に指定する。

9〜14: 検索のためのクエリを用意する。ここでは，住所の郵便番号，事業所の郵便番号と郵便番号の範囲の 3 種類のクエリの事例を用意したが，どちら一種類のみを選んで，それ以外のものをコメントアウトしてください。

9: 住所の郵便番号のクエリを用意する。

10: 事業所の郵便番号のクエリを用意する。

12〜14: 郵便番号の範囲を指定して検索するためのクエリを用意する。

12: 郵便番号の範囲の開始値。

13: 郵便番号の範囲の最終値。

14: 郵便番号≧開始値と郵便番号≦最終値の論理積を用いてクエリを用意する。

16: 射影を指定する。ここでは，「_id」表示しないように指定した。

18: 指定されたクエリと射影でコレクションを検索する。その結果を results に代入する。

20: 検索結果について，郵便番号の順でソートする。その結果を results_sorted に代入する。

22〜32:　for 文ブロック。住所と事業所を分けて，検索結果を表示する。

22:　for 文の先頭行。results_sorted から一つずつ取り出して，作業変数 result に代入する。

23:　郵便番号を表示する。

25〜31:　if 文ブロック。result の事業所フラッグの値によって，表示する項目を分ける。

25〜27:　事業所でない場合（住所の場合）は，都道府県，市区町村，町域，字丁目の順に表示する。

28〜31:　事業所の場合は，事業所名，都道府県，市区町村，事業所住所の順に表示する。

32:　区切りの線を表示する。

住所の郵便番号を指定して検索　**実行結果**

```
(base) C:¥Users¥fujino¥python3user¥Database>python ch9ex2.py
103-0013
東京都 中央区
日本橋人形町
---------------------------
```

事業所の郵便番号を指定して検索　**実行結果**

```
(base) C:¥Users¥fujino¥python3user¥Database>python ch9ex2.py
060-8406
北海道テレビ放送株式会社
北海道 市区町村
北１条西１丁目６番地
---------------------------
```

郵便番号の範囲を指定して検索　**実行結果**

```
(base) C:¥Users¥fujino¥python3user¥Database>python ch9ex2.py
060-0007
北海道 札幌市中央区
北七条西
---------------------------
060-0008
北海道 札幌市中央区
北八条西
---------------------------
```

```
060-0009
北海道 札幌市中央区
北九条西
---------------------------
060-0010
北海道 札幌市中央区
北十条西
---------------------------
```

**《実行結果の解説》**

住所の郵便番号，事業所の郵便番号と郵便番号の範囲の 3 種類のクエリに対して，検索の結果が得られて，かつ住所と事業所の 2 種類の形式で表示されることが確認できる。

### 〔2〕 住所から郵便番号を検索するプログラム

二つ目の応用例として，住所から郵便番号を検索して表示するプログラムを作成してみよう。

---

**【例題 9.3】** 下記仕様要求を実現する Python プログラムを作成せよ。

**仕様要求**

（1） MongoDB にある郵便番号データベースに接続する。

（2） 住所のキーワードを与えて，MongoDB から郵便番号を検索する。

（3） 事業所の場合とそうでない場合に分けて，検索の結果を郵便番号の順に表示する。

---

**ソースコード**

```
# 郵便番号データベース：住所から郵便番号を検索
from pymongo import MongoClient

# MongoDB に接続
client = MongoClient("localhost", 27017)
db = client["zipcodebase"]
collection = db["zipcode"]
# 住所のキーワードを指定して検索する
keyword="原宿"
query = {"$or":[{"都道府県":{"$regex":keyword}}, {"市区町村
```

```
        ":{"$regex":keyword}}, {"町域":{"$regex":keyword}}]}
11: # 射影を指定
12: projection={"_id":0}
13: # 検索結果を受け取る
14: results=collection.find(query,projection)
15: # 検索結果を郵便番号でソート
16: results_sorted = sorted(results, key=lambda x:x["郵便番号"])
17: # 検索結果から各要素を取り出す
18: for result in results_sorted:
19:     print(result["郵便番号"])
20:     # 事業所の判別
21:     if result["事業所フラグ"]==0:
22:         print(result["都道府県"],result["市区町村"])
23:         print(result["町域"],result["字丁目"])
24:     else:
25:         print(result["事業所名"].replace("　",""))
26:         print(result["都道府県"],result["市区町村"])
27:         print(result["事業所住所"])
28:     print("------------------------")
```

〔ファイル名：ch9ex3.py〕

### 《ソースコードの解説》

例題 9.2 から 8〜10 行目のみ変更になったので，その部分を解説する。

9:　検索のためのキーワードを指定する。

10:　「キーワードが都道府県フィールドに含まれる，キーワードが市区町村フィールドに含まれる，キーワードが町域フィールドに含まれる」の三つの条件を論理和で複合してクエリを用意する。ただし，「…に含まれる」のことは，「部分一致」と言い，正規表現 {"$regex":keyword} によって実現される。

**実行結果**

```
(base) C:¥Users¥fujino¥python3user¥Database>python ch9ex3.py
220-0102
神奈川県 相模原市
城山町原宿
------------------------
220-0103
神奈川県 相模原市
城山町原宿南
------------------------
245-0063
神奈川県 横浜市戸塚区
原宿
------------------------
245-8575
```

```
独立行政法人国立病院機構横浜医療センター
神奈川県 横浜市戸塚区
原宿３丁目６０－２
------------------------
252-0102
神奈川県 相模原市緑区
原宿
------------------------
252-0103
神奈川県 相模原市緑区
原宿南
------------------------
300-2702
茨城県 常総市
原宿
------------------------
306-0306
茨城県 猿島郡五霞町
原宿台
------------------------
321-2423
栃木県 日光市
原宿
------------------------
328-0103
栃木県 栃木市
都賀町原宿
------------------------
350-1205
埼玉県 日高市
原宿
------------------------
350-1295
ＮＥＣネットワーク・センサ株式会社
埼玉県 日高市
原宿４０１番地
------------------------
350-1296
太平洋セメント株式会社埼玉工場
埼玉県 日高市
原宿７２１
------------------------
373-0071
群馬県 太田市
原宿町
------------------------
745-0065
山口県 周南市
原宿町
------------------------
```

**《実行結果の解説》**

実行結果から，キーワード「原宿」を含む住所およびその郵便番号が表示されていることが確認できる。また，完全一致の「原宿」のみならず，「原宿台」，「原宿町」，

「原宿 721」のような部分一致の事例も確認できる。

## 9.4 フライトデータベースの作成

### 〔1〕 フライトデータのダウンロード

Data Expo 2009 のコンテストで配布されたアメリカのフライトデータは，ビッグデータ処理のプログラムの動作を確認するために，よく利用されるデータセットの一つである。従来は，アメリカ運輸統計局（BTS：Bureau of Transportation Statistics）のデータ配布ページ[†1]から取得できたが，現在はそこから直接ダウンロードできなくなった。今回は，ハーバード大学が提供する DataVerse にある ASA Statistical Computing Dataverse[†2]からこのデータセットを取得できたので，その手順を以下に示す。

1） URL を入力して，Web ページにアクセスする（**図 9.4**）。

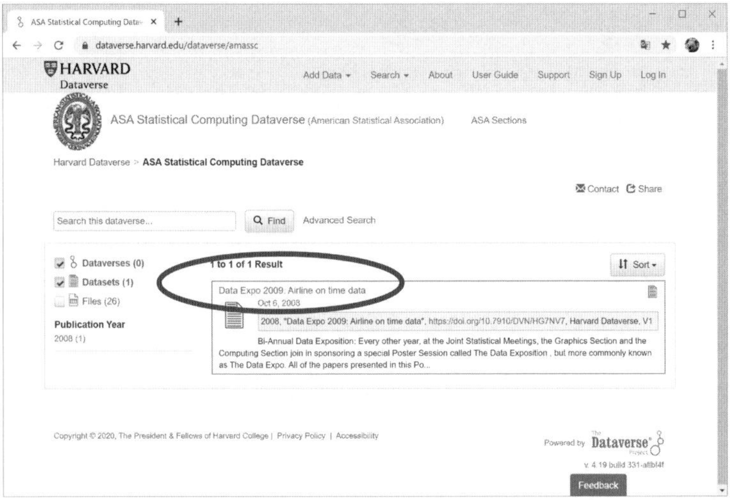


**図 9.4**

---

†1 http://stat-computing.org/dataexpo/2009/the-data.html
†2 https://dataverse.harvard.edu/dataverse/amassc

2）「Data Expo 2009 Airline on time data」をクリックする（**図 9.5**）。

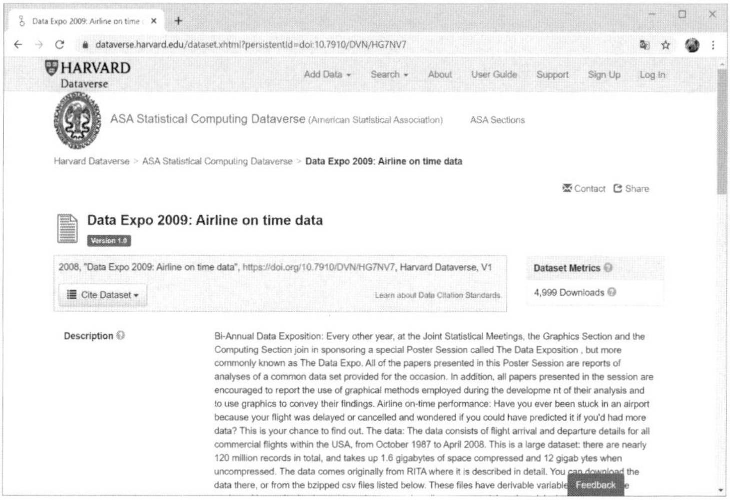


**図 9.5**

3）スクロールして，下の方の画面を表示する（**図 9.6**）。

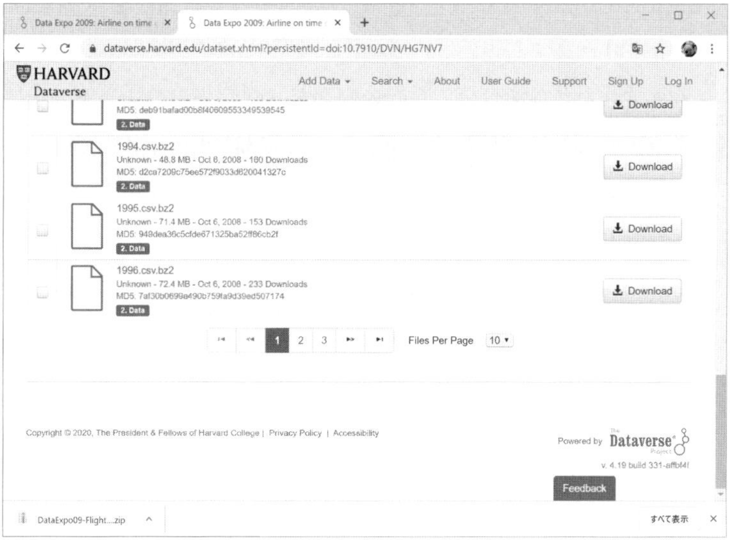


**図 9.6**

4） 一番下にある「Files Per Page」を 50 にする（**図 9.7**）。

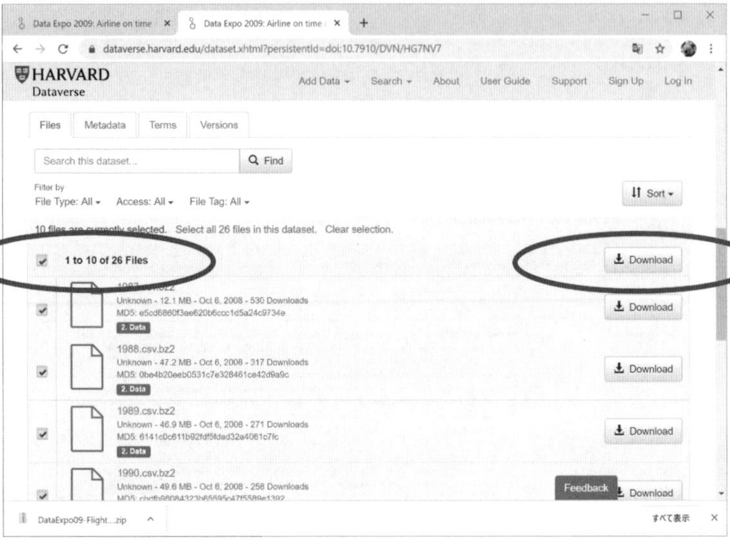


**図 9.7**

5） 「1 to 10 of 26 Files」前の ☑ を入れてから，右側の Download」ボタンをクリックする。

6） 表示された名前を付けて保存の画面で，保存先のフォルダ名を確認して，ファイル名の入力欄に DataExpo09-Flightdata.zip を入力して，「保存」ボタンをクリックする。これで，ダウンロードが開始される。

7） ダウンロード終了後に，エクスプローラから保存先のフォルダに，DataExpo09-Flightdata.zip があること確認してください。

**〔2〕 フライトデータベースを MongoDB に作成**

1） 準備作業として，ダウンロードした zip を展開する。エクスプローラで DataExpo09-Flightdata.zip を右クリックして，「すべて展開」を選択する。展開後の DataExpo09-Flightdata フォルダができる。そして，7-Zip† など bz2 を展開できるソフトウェアを使って，その中に「2008.csv.bz2」をもう一度展開する。これで「2008.csv」のファイルができる。

† https://www.7-zip.org/

2） コマンドプロンプトを開いて，カレントディレクトリを DataExpo09-FlightData に移動してから以下のようにコマンド入力する。

```
mongoimport -d flightdatabase -c flightdata --type csv --file 2008.csv
--headerline
```

その実行結果を以下に示す。

**実行結果**

```
C:¥Users¥fujino¥mongodbuser¥DataExpo09-Flightdata>mongoimport -d
flightdatabase -c flightdata --type csv --file 2008.csv --headerline
2020-03-06T18:32:35.742+0900    connected to: mongodb://localhost/
2020-03-06T18:32:38.743+0900    [#.......................]
flightdatabase.flightdata    11.1MB/223MB (5.0%)
2020-03-06T18:32:41.743+0900    [##......................]
flightdatabase.flightdata    22.1MB/223MB (9.9%)
2020-03-06T18:32:44.743+0900    [###.....................]

「途中一部省略」

flightdatabase.flightdata    204MB/223MB (91.3%)
2020-03-06T18:33:35.743+0900    [#######################.]
flightdatabase.flightdata    214MB/223MB (95.9%)
2020-03-06T18:33:38.430+0900    [########################]
flightdatabase.flightdata    223MB/223MB (100.0%)
2020-03-06T18:33:38.430+0900    2389217 document(s) imported successfully.
0 document(s) failed to import.
```

この実行結果から，実行時間は 1 分 2.688 秒で，全部で 2 389 217 件のドキュメントがインポートできたことが確認できる。これで，MongoDB に flightdatabase というデータベースと flightdata というコレクションができる。

3） 航空会社名のコレクションを作成するために，以下のようにコマンド入力する。

```
mongoimport -d flightdatabase -c carrier --type csv --file carriers.csv
--headerline
```

その実行結果を以下に示す。

**実行結果**

```
C:¥Users¥fujino¥mongodbuser¥DataExpo09-Flightdata>mongoimport -d
flightdatabase -c carrier --type csv --file carriers.csv --headerline
2020-03-07T11:36:20.489+0900    connected to: mongodb://localhost/
2020-03-07T11:36:20.580+0900    1491 document(s) imported successfully. 0
document(s) failed to import.
```

この実行結果から，実行時間は 0.091 秒で，全部で 1 491 件のドキュメントがインポートできたことが確認できる。これで，MongoDB に flightdatabase というデータベースと carrier というコレクションができる。

## 9.5 フライトデータベースを利用した Python プログラム例

この節では，フライトデータセット利用した事例を二つ示す。一つ目は，集約処理を行う例題で，二つ目は集約処理，結合処理と整列処理を行う問題である。

集約や結合処理のとき aggregate(クエリの指定) 関数を使う。このクエリの指定は，前述の問い合わせ処理 find( ) のときよりも自由度が高くなるため，その使い方について簡単に説明しておく。まずは一般的な書き方を以下に示す。

quary = {$ コマンド 1： {引数の指定}，$ コマンド 2： {引数の指定}，…}

さらに，ここのクエリで使用するおもなコマンドを以下に示す。

$group：引数で指定されたキー (_id) でグループ化を行う。

$sort：引数で指定された要求で整列処理を行う。

$lookup：引数で指定された条件にしたがって結合処理を行う。引数の指定では，from は結合先のコレクション，localField は結合元の結合キー，foreignField は結合先の結合キー，as は結合結果の属性名をそれぞれ与える。

---

**【例題 9.4】**　下記仕様要求を実現する Python プログラムを作成せよ。

**仕様要求**

（1）　MongoDB にあるフライトデータベースに接続する。

（2）　航空会社別に平均遅延時間を集約する。

（3）　集約結果の航空会社コードと平均遅延時間を表示する。

---

**ソースコード**

```
1:  # フライトデータベース：集約（航空会社別に平均遅延時間）
2:  from pymongo import MongoClient
3:
4:  # MongoDBに接続
5:  client = MongoClient("localhost", 27017)
6:  db = client["flightdatabase"]
7:  collection = db["flightdata"]
8:  # クエリを指定
9:  query = [
10:     {"$group":
11:         {
12:             "_id":"$UniqueCarrier",
13:             "AverageArrDelay":{"$avg":"$ArrDelay"}
14:         }
15:     }
16: ]
17: # 検索結果を受け取る
18: results=collection.aggregate(query)
19: # 検索結果から各要素を取り出す
20: for result in results:
21:     #resultの全要素を表示
22:     #print(result)
23:     #resultの「_id」と「AverageArrDelay」を表示
24:     print(result["_id"], result["AverageArrDelay"],"min")
```

〔ファイル名：ch9ex4.py〕

### 《ソースコードの解説》

2:　MongoDBにアクセスするためのライブラリを読み込む。

5:　MongoDBに接続して，クライアントを作成する。

6:　データベースをflightdatabaseに指定する。

7:　コレクションをflightdataに指定する。

9～16:　集約処理のためのクエリを用意する。

10:　$groupはグループ化して集約する命令である。

11:　$UniqueCarrierフィールドをグループ化のキー (_id) に指定する。

12:　$ArrDelayフィールドの平均値（$avg）を計算して，AverageArrDelayの値とする。

18:　用意したクエリを用いて，集約を実行する。その結果をresultsに代入する。

20～24:　for文ブロック。集約処理の結果を表示する。

20:　for文の先頭行。resultsから一つずつ取り出して，作業変数resultに代入する。

22:　resultの全要素を表示する。

24:　resultの要素_idと要素"AverageArrDelay"を表示する。

実行結果

```
(base) C:¥Users¥fujino¥python3user¥Database>python ch9ex4.py
YV 13.186142876696987 min
US 2.7307659171189798 min
OH 11.365849427547126 min
UA 14.346067204805706 min
9E 10.128788329860077 min
AA 16.07303975889889 min
DL 7.54839276422929 min
AS 5.349467312843792 min
FL 10.921710925467867 min
MQ 13.940319139535177 min
OO 10.001878488907337 min
NW 11.284998596919827 min
WN 7.60386506557601 min
EV 12.11554348189136 min
B6 9.817523086425332 min
HA -1.1391961450005477 min
F9 7.18547727347099 min
AQ -2.888673890608875 min
XE 11.853797863794592 min
CO 11.829575714539322 min
```

**《実行結果の解説》**

results の要素 _id には，グループ化の際に航空会社のコード $uniqueCarrier が代入されたので，最終的には航空会社のコードとその平均遅延時間が表示されている。

---

**【例題 9.5】** 下記仕様要求を実現する Python プログラムを作成せよ。

**仕様要求**

（1） MongoDB にあるフライトデータベースに接続する。

（2） 航空会社別に平均遅延時間を集約する。

（3） 航空会社コードをキーとして，コレクション carrier との結合により航空会社名を求める。

（4） 平均遅延時間の降順に並べ変える。

（5） 「航空会社名 航空会社コード 遅延時間」のように表示する。ただし，遅延時間は小数点以下 2 桁までとする。

---

**ソースコード**

```
1:  # フライトデータベース：集約（航空会社別に平均遅延時間）
2:  # ＋　結合（航空会社コードから航空会社名を取得）
3:  # ＋　ソート（平均遅延時間の降順）
4:
5:  from pymongo import MongoClient
6:
7:  # MongoDB に接続
8:  client = MongoClient("localhost", 27017)
9:  db = client["flightdatabase"]
10: collection = db["flightdata"]
11: # クエリを指定
12: query = [
13:         {"$group":
14:                 {
15:                     "_id":"$UniqueCarrier",
16:                     "AverageArrDelay":{"$avg":"$ArrDelay"}
17:                 }
18:         },
19:         {"$lookup":
20:             {
21:                 "from":"carrier",
22:                 "localField":"_id",
23:                 "foreignField":"Code",
24:                 "as":"CarrierInfos"
25:             }
26:         },
27:         {'$sort':
28:             {"AverageArrDelay":-1}
29:         }
30: ]
31: # 検索結果を受け取る
32: results=collection.aggregate(query)
33: # 検索結果から各要素を取り出す
34: for result in results:
35:     #print(result["CarrierInfos"])
36:     print("%s (%s) %4.2f min" %
    (result["CarrierInfos"][0]["Description"], result["_id"],
    result["AverageArrDelay"]))
```

〔ファイル名：ch9ex5.py〕

### 《ソースコードの解説》

5:　MongoDB にアクセスするためのライブラリを読み込む。

8:　MongoDB に接続して，クライアントを作成する。

9:　データベースを flightdatabase に指定する。

10：コレクションを flightdata に指定する。

12〜29：集約処理のためのクエリを用意する。

12〜18：クエリの 1 番目の処理：集約

12：$group はグループ化して集約する命令である。

13：$UniqueCarrier フィールドをグループ化のキー (_id) に指定する。

14：$ArrDelay フィールドの平均値（$avg）を計算して，AverageArrDelay の値とする。

19〜26：クエリの 2 番目の処理：結合

19：$lookup はコレクションを結合する命令である。ここでは，集約の結果とコレクション carrier と結合する。

21：from では，結合先のコレクション carrier を指定する。

22：localField では，結合元のフィールドを指定する。（_id）

23：foreignField では，結合先のフィールドを指定する。（Code）

24：as では，結合結果の代入先を指定する。（CarrierInfos）

27〜29：クエリの 3 番目の処理：整列

27：$sort は整列を行う命令である。

28：整列キーに AverageArrDelay を，整列方向に「-1」（逆順）を指定する。

32：用意したクエリを用いて，集約を実行する。その結果を results に代入する。

34〜35：for 文ブロック。処理の結果を表示する。

34：for 文の先頭行。results から一つずつ取り出して，作業変数 result に代入する。

35：結合の結果 result["CarrierInfos"] を表示して確認する。

36：result の中にある航空会社名，航空会社コードと平均遅延時間を表示する。result["CarrierInfos"] は，リストの中に JSON 形式データの 1 要素のみなので，result["CarrierInfos"][0]["Description"] で航空会社名を取り出す必要がある。

**実行結果**

```
(base) C:¥Users¥fujino¥python3user¥Database>python ch9ex5.py
American Airlines Inc. (AA) 16.07 min
United Air Lines Inc. (UA) 14.35 min
American Eagle Airlines Inc. (MQ) 13.94 min
Mesa Airlines Inc. (YV) 13.19 min
Atlantic Southeast Airlines (EV) 12.12 min
Expressjet Airlines Inc. (XE) 11.85 min
Continental Air Lines Inc. (CO) 11.83 min
Comair Inc. (OH) 11.37 min
Northwest Airlines Inc. (NW) 11.28 min
AirTran Airways Corporation (FL) 10.92 min
Pinnacle Airlines Inc. (9E) 10.13 min
```

```
Skywest Airlines Inc. (OO) 10.00 min
JetBlue Airways (B6) 9.82 min
Southwest Airlines Co. (WN) 7.60 min
Delta Air Lines Inc. (DL) 7.55 min
Frontier Airlines Inc. (F9) 7.19 min
Alaska Airlines Inc. (AS) 5.35 min
US Airways Inc. (Merged with America West 9/05. Reporting for both
starting 10/07.) (US) 2.73 min
Hawaiian Airlines Inc. (HA) -1.14 min
Aloha Airlines Inc. (AQ) -2.89 min
```

**《実行結果の解説》**

航空会社名，航空会社のコードと平均遅延時間を平均遅延時間（小数点以下2桁）の降順で表示されていることが確認できる。

## 演　習　問　題

**【9.1】** コレクション flightdata について，以下の仕様要求を実現する Python プログラムを作成せよ。

**仕様要求**

（1） 月別の平均到着遅延時間を集計する。
（2） （1）に続いて，さらに月の昇順に集計結果を（月，平均到着遅延時間）を表示する。
（3） （1）に続いて，さらに平均遅延時間の降順に，集計結果（月，平均到着遅延時間）を表示する。

**【9.2】** コレクション flightdata について，以下の仕様要求を実現する Python プログラムを作成せよ。

**仕様要求**

（1） 出発空港コード別の平均出発遅延時間を集計する。
（2） （1）に続いて，さらに出発空港コードを利用して，出発空港名を求める。
（3） （2）に続いて，さらに平均出発遅延時間の降順に，集計結果（出発空港名，出発空港コード，平均出発遅延時間（小数点以下2桁））を表示する。

# 10

# CouchDB の基本

10 章と 11 章では，CouchDB というデータベースの基本操作命令と Python プログラムからの使い方について説明する。この章では，まず，CouchDB の概要について簡単に紹介し，REST と呼ばれる考え方について説明する。その上で，CouchDB を操作する各種命令について解説する。そして，CouchDB を Web ブラウザから操作するインターフェース Futon の使い方を示す。最後に，データベースから必要な情報を取り出すための「ビュー」の考え方について解説し，いくつかの「ビュー」の実例を示す。

## 10.1 CouchDB の概要

Apache CouchDB は，Apache Software Foundation のプロジェクトによって開発されたオープンソースドキュメント指向データベースである。Joe Lennon の論文[†1] によれば，Couch[†2] という言葉は，cluster of unreliable commodity hardware の頭文字由来で,「信頼できなさそうなハードウェア上でも動作する」という CouchDB の高可用性と高信頼性の開発目標を反映したものである。最初の安定版は 2010 年 7 月にリリースされたが，最新版は，2020 年 5 月 5 日にリリースした CouchDB 3.1.0 である。しかし，ライブラリの動作確認がまだできていないので，本書では CouchDB 2.3.1 を導入して，それを前提に説明している。なお，導入作業については，付録 A.3 を参照してほしい。

CouchDB のおもな特徴は以下の通り。

---

†1 Joe Lennon：Exploring CouchDB – A document-oriented database for Web applications, IBM developerWorks, March 31, 2009

†2 英和辞書では，寝いす，長ソファーの意味である。CouchDB のロゴマークになっている。

・スキーマを使用しない。JSON形式による柔軟なデータ構造を実現。
・ドキュメントに対してユニークなURI†を割り当てて，HTTPメソッドによってデータベースにアクセスできる。
・システムの拡張が簡単で，スケーラビリティ。
・レプリケーションによる分散管理が可能。
・高度なセキュリティ機能。

また，前述のドキュメント指向のMongoDBと比べて，JavaScriptとの親和性が高いとJSONデータ形式を採用している点ではよく似ているが，設計思想から操作環境まで多くの違いがある。基本的なところでは，MongoDBは，SQL的なことも実現できるドキュメント指向データベースである。これに対して，CouchDBは，ドキュメントを保管，管理するために作られたドキュメント指向データベースである。

以下に両者の具体的な相違点をいくつか示す。

・MongoDBでは，Mongoシェルの命令によって，データベースに対して各種操作を行う。CouchDBでは，専用のアプリがなく（必要としない），HTTPメソッドによって，データベースに対して各種操作を行う。
・MongoDBでは，JSON形式を用いてクエリを記述する。CouchDBでは，JavaScriptおよびMapReduceを用いてクエリを記述する。
・MongoDBでは，ドキュメントのフィールドに対する更新できる。CouchDBでは，ドキュメント単位で差し替えしかできない。
・MongoDBでは，等結合を実現できる。CouchDBは基本的に結合が必要としない処理に向いている。

CouchDBでは，データベース→ドキュメントの2階層構造でデータを格納している。**図10.1**（図2.1のタイトルを書き換えただけ）に示すように，第1階層のMongoDBの中では，データベースを単位としてデータを管理する。

† uniform resource identifier（参考和訳：統一リソース識別子）

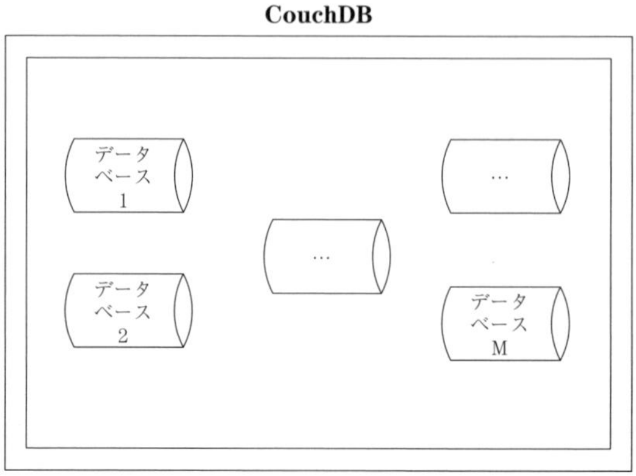


**図 10.1**　データ管理の枠組み：データベース

また，**図 10.2** に示すように，第2階層のデータベースの中では，ドキュメントを単位としてデータを管理する。

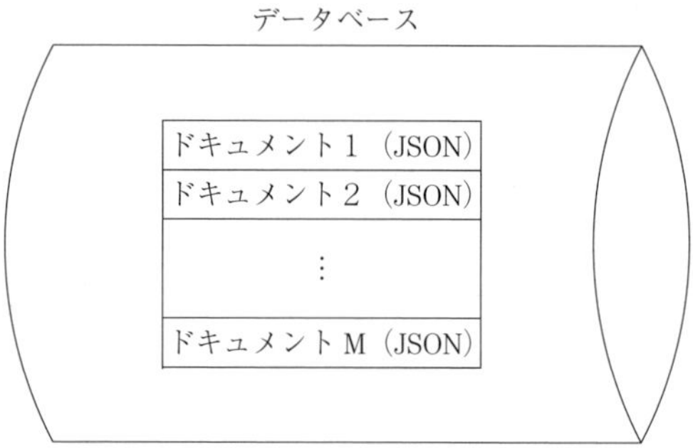


**図 10.2**　データ管理の枠組み：ドキュメント

CouchDB の特徴の一つは REST によるデータベース操作である。ここでは，REST について，もう少し説明を付け加える。

**REST** は，representational state transfer[†] の略で，Web サービスにおけるデータ転送の設計原則である。REST な（あるいは RESTful）Web システムの要点は以下の四つがある。

・Web サービスにおいて，すべてのリソースに一意的に識別可能なアドレ

† 参考和訳：代表的な状態の転送。

ス URI を割り当てる。

・サーバーとクライアントとの間に，HTTP メソッドを用いてデータ転送を行う。

・サーバーとクライアントとはたがいに分離可能な独立した存在である。一方におけるシステムの改変は，もう一方における操作運用に影響しない。

・サーバーあるいはクライアントは，相手がどんな状態（いままでの処理の結果）にあるかについて知らなくても，いま受け取ったメッセージを理解できる。

CouchDB に対する操作は，データ伝送コマンド curl によって実現される。つぎの小節の準備として，ここでは curl コマンドの基本書式とよく使われるオプションについて整理しておく。

curl コマンドの基本書式は以下の通りである。

```
curl　オプション指定　URL 指定
```

CouchDB にアクセスするときよく使われるオプション指定は以下の通りである。

-X:　HTTP メソッドの指定。指定できるメソッドとその意味を以下に示す。

　POST：作成

　GET：参照

　PUT：更新

　DELETE：削除

-I:　HTTP レスポンスのヘッダーを取得する。

-v:　詳細な情報を表示する。リクエストやレスポンスの HTTP ヘッダーの確認，接続先サーバーの SSL 証明書の情報が表示される。

-s:　途中の進捗状況を表示しない。終了ステータスのみを表示する。

-o:　実行結果をファイルに保存する。

また，アクセス先の URL 指定の書き方は以下の通りである。

```
プロトコル :// ホスト名 : ポート番号 / ファイルパス / ファイル名
```

例えば，Windows のコマンドプロンプトで，curl コマンド† を用いて，HTTP プロトコルを指定して，CouchDB データベースサーバーとやり取りを行うことができる。実際の動作を確認するために，以下のように入力して，CouchDB にアクセスしてみよう。

```
curl -X GET http://localhost:5984/
```

このコマンドにより，localhost というホストの 5984 ポートに対して HTTP プロトコルで参照を行う。ここでは，5984 番は CouchDB サーバーのポート番号なので，CouchDB サーバーが正常にサービスを提供しているならば，以下のような実行結果が表示される。

```
C:¥Users¥fujino¥couchdbuser>curl -X GET http://localhost:5984/
{"couchdb":"Welcome","version":"2.3.1","git_sha":"c298091a4","uuid
":"844528a96220fe4f57b717a1cc351f7e","features":["pluggable-
storage-engines","scheduler"],"vendor":{"name":"The Apache Software
Foundation"}}
```

また，この場合は，以下のように，オプション指定の「-I GET」を省略することができる。

```
curl http://localhost:5984/
```

オプションが省略された場合でも，以下のように，同じ実行結果が得られる。

```
C:¥Users¥fujino¥couchdbuser>curl http://localhost:5984/
{"couchdb":"Welcome","version":"2.3.1","git_sha":"c298091a4","uuid
":"844528a96220fe4f57b717a1cc351f7e","features":["pluggable-
storage-engines","scheduler"],"vendor":{"name":"The Apache Software
Foundation"}}
```

## 10.2 CouchDB の基本操作
### — curl —

#### 〔1〕 データベースの作成，確認と削除

curl コマンドを用いて，CouchDB のサーバーにデータベースの作成，確認，

† Windows10 Ver. 1803（RS4）（2018 年 4 月以降のアップデート）から標準装備となった。

と削除を行うコマンドを，以下に示す。

```
curl -X PUT http://localhost:5984/ データベース名
```

☞データベースを作成する

```
curl -X GET http://localhost:5984/_all_dbs
```

☞データベースの一覧を表示する

```
curl -X DELETE http://localhost:5984/ データベース名
```

☞データベースを削除する

---

**【例題 10.1】**　以下の curl 命令文をコマンドプロンプトから順番に入力して実行する。各命令文の実行結果を確認し，その意味を理解せよ。

---

**命令文**

```
1:   curl -X PUT http://localhost:5984/testbase
2:   curl -X GET http://localhost:5984/_all_dbs
3:   curl -X DELETE http://localhost:5984/testbase
4:   curl -X GET http://localhost:5984/_all_dbs
```

〔ファイル名：ch10ex1.txt〕

**《命令文の解説》**

1:　CouchDB にデータベース testbase を作成する。

2:　1 行目の作成命令の実行結果を確認するために，CouchDB にあるデータベースの一覧を表示する。

3:　CouchDB にデータベース testbase を削除する。

4:　3 行目の削除命令の実行結果を確認するために CouchDB にあるデータベースの一覧を表示する。

**実行結果**

```
C:¥Users¥fujino¥couchdbuser>curl -X PUT http://localhost:5984/
testbase
{"ok":true}
C:¥Users¥fujino¥couchdbuser>curl -X GET http://localhost:5984/_
all_dbs
["testbase"]
C:¥Users¥fujino¥couchdbuser>curl -X DELETE http://localhost:5984/
```

```
testbase
{"ok":true}
C:¥Users¥fujino¥couchdbuser>curl -X GET http://localhost:5984/_
all_dbs
[]
```

**《実行結果の解説》**

2 行目命令で，testbase が表示されていることから，1 行目の作成命令は成功に実行できたと判断できる。4 行目命令で，testbase が表示されていないことから，3 行目の削除命令は成功に実行できたと判断できる。なお，紙面の関係で，実行結果にある空白行はすでに削除されている。

### 〔2〕 ドキュメントの作成，表示，更新と削除

curl コマンドを用いて，CouchDB のサーバーにドキュメントの作成，確認，更新と削除を行うコマンドについてみてみよう。

```
curl -X POST http://localhost:5984/ データベース名 -H "Content-
Type:application/json", -d {¥"key1¥":¥"value1¥", {¥"key2¥":¥"value2¥"}
```

☞ドキュメントを作成する

Windows のコマンドプロンプトでは，JSON 形式の中の 2 重引用符「"」は，エスケープコードの「¥"」または「"""」で記述する必要があるので，注意してください。また，key と value のところに日本語を記述することができない。

```
curl -X GET http://localhost:5984/ データベース名 /_all_docs
```

☞ドキュメント ID の一覧を表示する

```
curl -X GET http://localhost:5984/ データベース名 / ドキュメント ID
```

☞ドキュメントを表示する

```
curl -X PUT http://localhost:5984/ データベース名 / ドキュメント ID -d
"""newkey1""":"""newvalue1""", {"""newkey2""":"""newvalue2"""}
```

☞ドキュメントを更新する

```
curl -X DELETE http://localhost:5984/ データベース名 / ドキュメント
ID?rev="rev 値"
```

☞ドキュメントを削除する

**【例題 10.2】**　以下の curl 命令文をコマンドプロンプトから順番に入力して実行する。各命令文の実行結果を確認し，その意味を理解せよ。ただし，命令文にある「ドキュメント ID」と「rev 値」のところを前の命令文の実行結果から読み取って，置き換えてください。

**命令文**

```
1:  curl -X PUT http://localhost:5984/testbase
2:  curl -X GET http://localhost:5984/_all_dbs
3:  curl -H "Content-Type: application/json" -X POST http://
    localhost:5984/testbase -d {"""name""":"""yamada""",
    """age""":"""20"""}
4:  curl -H "Content-Type: application/json" -X POST http://
    localhost:5984/testbase -d {"""name""":"""tanaka""","""age""":
    """24"""}
5:  curl -H "Content-Type: application/json" -X POST http://
    localhost:5984/testbase -d {"""name""":"""suzuki""",
    """age""":"""21"""}
6:  curl -X GET http://localhost:5984/testbase/_all_docs
7:  curl -X GET http://localhost:5984/testbase/ドキュメントID
8:  curl -X PUT http://localhost:5984/testbase/ドキュメントID -d
    {"""_id""":"""ドキュメント ID""","""_rev""":"""rev 値""",
    """newname""":"""newyamada"""}
9:  curl -X GET http://localhost:5984/testbase/ドキュメントID
10: curl -X DELETE http://localhost:5984/testbase/ドキュメント
    ID?rev="rev 値"
11: curl -X GET http://localhost:5984/testbase/_all_docs
```

〔ファイル名：ch10ex2.txt〕

**《命令文の解説》**

1:　CouchDB にデータベース testbase を作成する。

2:　1 行目の作成命令の実行結果を確認するために，CouchDB にあるデータベースの一覧を表示する。

3:　データベース testbase にドキュメントを生成する。その内容は {"name","yamada","age":"20"} である。

4:　データベース testbase にドキュメントを生成する。その内容は {"name","tanaka","age":"24"} である。

5:　データベース testbase にドキュメントを生成する。その内容は {"name","suzuki","age":"21"} である。

6：　4，5，6 行目の実行結果を確認するために，testbase にあるドキュメントの一覧を表示する。

7：　ドキュメント ID で指定されたドキュメントの内容を表示する。ただし，ドキュメント ID は 6 行目の実行結果から取得する。

8：　ドキュメント ID で指定されたドキュメントを更新する。その内容は {"newname","newyamada"} である。ただし，ドキュメント ID と rev 値は 7 行目の実行結果から取得する。

9：　更新の結果を確認するために，ドキュメントの内容を表示する。ただし，ドキュメント ID は 8 行目の実行結果から取得する。

10：　ドキュメント ID と rev 値でしてされたドキュメントを削除する。ただし，ドキュメント ID と rev 値は 8 行目の実行結果から取得する。

11：　10 行目の実行結果を確認するために，testbase にあるドキュメントの一覧を表示する。

**実行結果**

```
C:¥Users¥fujino¥couchdbuser>curl -X PUT http://localhost:5984/
testbase
{"ok":true}
C:¥Users¥fujino¥couchdbuser>curl -X GET http://localhost:5984/_
all_dbs
["testbase"]
C:¥Users¥fujino¥couchdbuser>curl -H "Content-Type: application/
json" -X POST http://localhost:5984/testbase -d {"""name""":"""yamada
""","""age""":"""20"""}
{"ok":true,"id":"0c3f869b86513532d96479012800bc78","rev":"1-5d0cb
07fc6e31ae463a2f0772e8811cf"}
C:¥Users¥fujino¥couchdbuser>curl -H "Content-Type: application/
json" -X POST http://localhost:5984/testbase -d {"""name""":"""tanaka
""","""age""":"""24"""}
{"ok":true,"id":"0c3f869b86513532d96479012800cbb8",
"rev":"1-fac29b060231f459854d00768634ea0f"}
C:¥Users¥fujino¥couchdbuser>curl -H "Content-Type: application/
json" -X POST http://localhost:5984/testbase -d {"""name""":"""suzuki
""","""age""":"""21"""}
{"ok":true,"id":"0c3f869b86513532d96479012800d3c8","rev":"1-d0dc
006c49f1342d6bddedb0e4e54da4"}
C:¥Users¥fujino¥couchdbuser>curl -X GET http://localhost:5984/
```

```
testbase/_all_docs
{"total_rows":3,"offset":0,"rows":[
{"id":"0c3f869b86513532d96479012800bc78","key":"0c3f869b86513532d
96479012800bc78","value":{"rev":"1-5d0cb07fc6e31ae463a2f
0772e8811cf"}},
{"id":"0c3f869b86513532d96479012800cbb8","key":"0c3f869b86513532d
96479012800cbb8","value":{"rev":"1-fac29b060231f
459854d00768634ea0f"}},
{"id":"0c3f869b86513532d96479012800d3c8","key":"0c3f869b86513532d-
96479012800d3c8","value":{"rev":"1-d0dc006c49f1342d6bddedb0e4e
54da4"}}
]}
C:¥Users¥fujino¥couchdbuser>curl -X GET
http://localhost:5984/testbase/0c3f869b86513532d96479012800d3c8
{"_id":"0c3f869b86513532d96479012800d3c8","_rev":"1-d0dc
006c49f1342d6bddedb0e4e54da4","name":"suzuki","age":"21"}
C:¥Users¥fujino¥couchdbuser>curl -X PUT
http://localhost:5984/testbase/0c3f869b86513532d96479012800d3c8 -d
{"""_id""":"""0c3f869b86513532d96479012800d3c8""","""_rev""":"""1-
d0dc006c49f1342d6bddedb0e4e54da4""","""newname""":"""newyamada"""}
{"ok":true,"id":"0c3f869b86513532d96479012800d3c8","rev":
"2-4a0c66b70f7afbaf194761e5257607d3"}
C:¥Users¥fujino¥couchdbuser>curl -X GET
http://localhost:5984/testbase/0c3f869b86513532d96479012800d3c8
{"_id":"0c3f869b86513532d96479012800d3c8","_rev":"2-4a0c66b70f7af
baf194761e5257607d3","newname":"newyamada"}
C:¥Users¥fujino¥couchdbuser>curl -X DELETE
http://localhost:5984/testbase/0c3f869b86513532d96479012800
d3c8?rev="2-4a0c66b70f7afbaf194761e5257607d3"
{"ok":true,"id":"0c3f869b86513532d96479012800d3c8","rev":"3-f3638a
7a550b9effa1de8def2ed0acec"}
C:¥Users¥fujino¥couchdbuser>curl -X GET http://localhost:5984/
testbase/_all_docs
{"total_rows":2,"offset":0,"rows":[
{"id":"0c3f869b86513532d96479012800bc78","key":"0c3f869b86513532d
96479012800bc78","value":{"rev":"1-5d0cb07fc6e31ae463a2f
0772e8811cf"}},
{"id":"0c3f869b86513532d96479012800cbb8","key":"0c3f869b86513532d
96479012800cbb8","value":{"rev":"1-fac29b060231f459854d00768634
ea0f"}}
]}
```

**《実行結果の解説》**

6行目命令の結果で，testbaseの中にドキュメントが三つあることが確認できる。7行目と9行目の命令の実行結果から，ドキュメント0c3f869b86513532d-96479012800d3c8の内容が{"name":"suzuki","age":"21"}から{"newname":"newyamada"}に更新されたことが確認できる。また，11行目の命令の実行結果には，ドキュメント0c3f869b86513532d96479012800d3c8がないことから，10行目の削除命令は成功に実行できたと判断できる。なお，紙面の関係で，実行結果では命令文の途中で改行になっているが，実際の入力時は，1行続きで入力したものである。また，実行結果にある空白行はすでに削除されている。

## 10.3 CouchDBの基本操作

### ― Futon ―

Futon[†]はCouchDBに付属のWebインターフェースのGUIデータベース管理ツールである。WebブラウザのURLに

http://localhost:5984/_utils/

を入力すれば，**図10.3**のようなFutonが起動される。

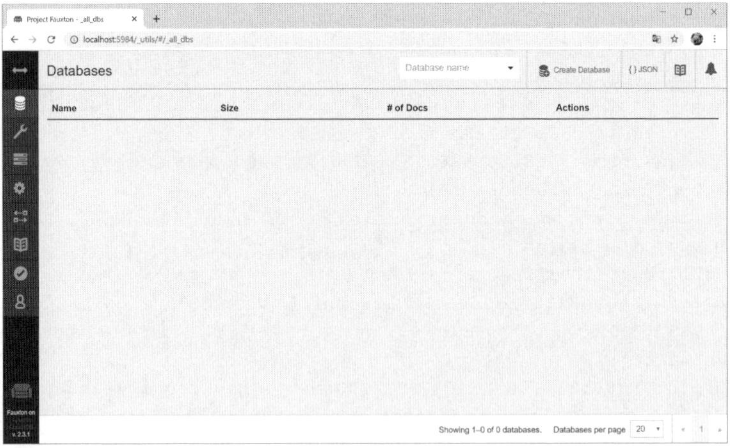


**図10.3**

† 英語のfutonは，日本語の「ふとん」とちょっと異なって，ソファーベッドの意味である。couch（寝いす，長いす）と同じく，それに横たわって，リラックスできるものである。

これからは Futon の画面を示しながら，データベースの作成，削除および
ドキュメントの作成，更新と削除の操作法を示す。

---

**【例題 10.3】** Futon から以下の操作を順番に行い，各操作の実行結果を確認し，その意味を理解せよ。

---

1）データベースの作成：起動画面から「Create Database」をクリックする。

2）データベース名「testbase」をタイプして，「Create」ボタンをクリックする（**図 10.4**）。

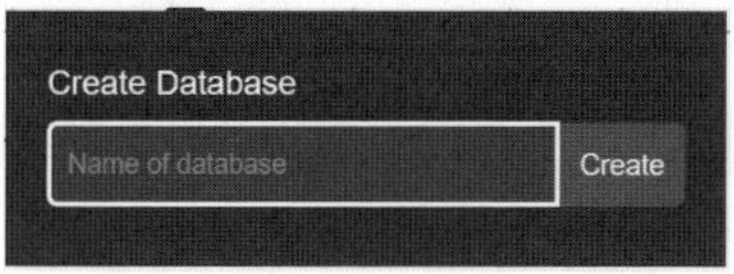


**図 10.4**

3）ドキュメントの作成：右上にある「Create Document」をクリックする（**図 10.5**）。

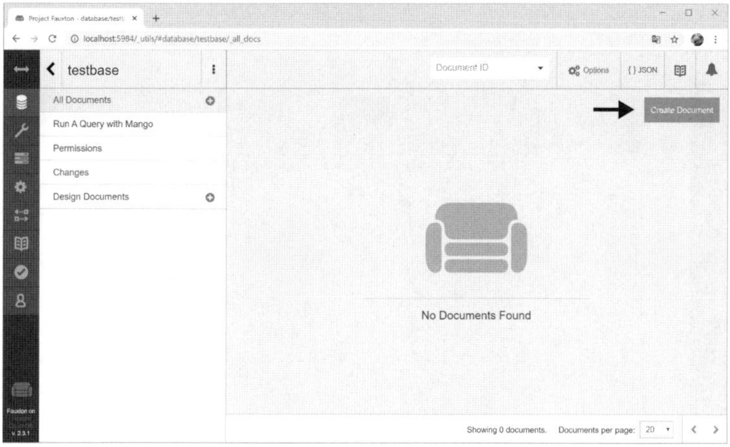


**図 10.5**

4）左上にある「Create Document」をクリックする（**図 10.6**）。

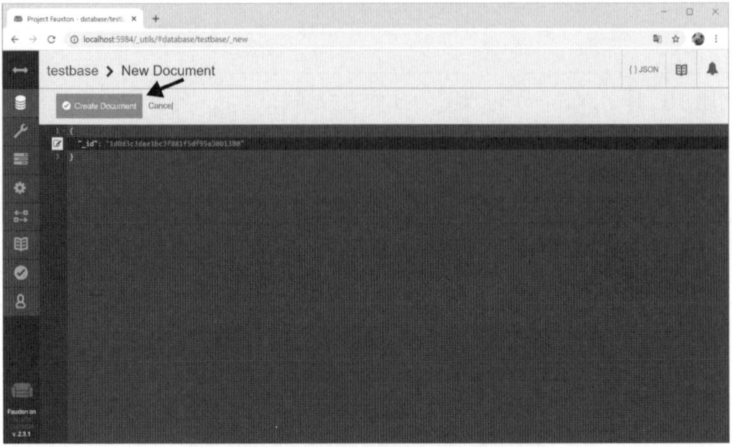


**図 10.6**

5）ドキュメントの内容の入力：表示されているドキュメントの 1 行分をクリックする。編集画面が開く（**図 10.7**）。

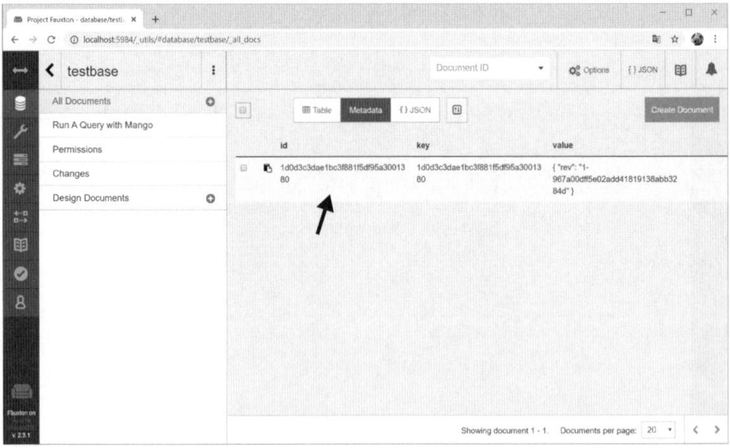


**図 10.7**

6）「"name": "田中",」と「"age": "24"」を入力して,「Save Changes」をクリックして，保存する（**図 10.8**）。

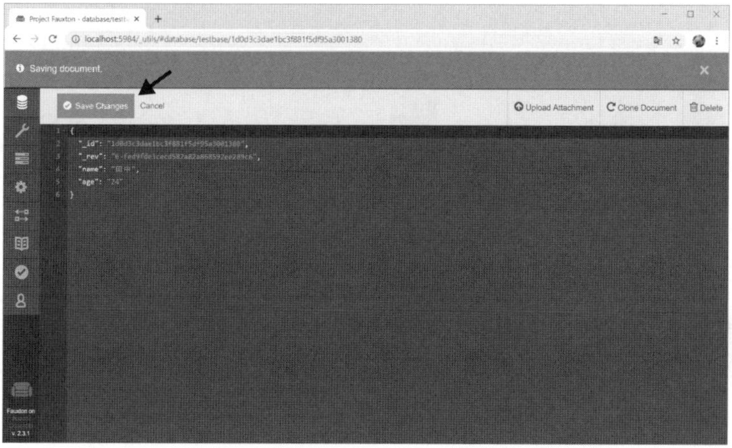


**図 10.8**

7）ドキュメントの内容の更新：もともとの「"name": "田中",」と「"age": "24"」を削除する。そして,「"name": "山田",」と「"score": "90"」を入力してから,「Save Changes」をクリックして，保存する（**図 10.9**）。

**図 10.9**

8）　ドキュメントが更新されたことが確認できる。そう一度ドキュメントの 1 行分をクリックする（**図 10.10**）。

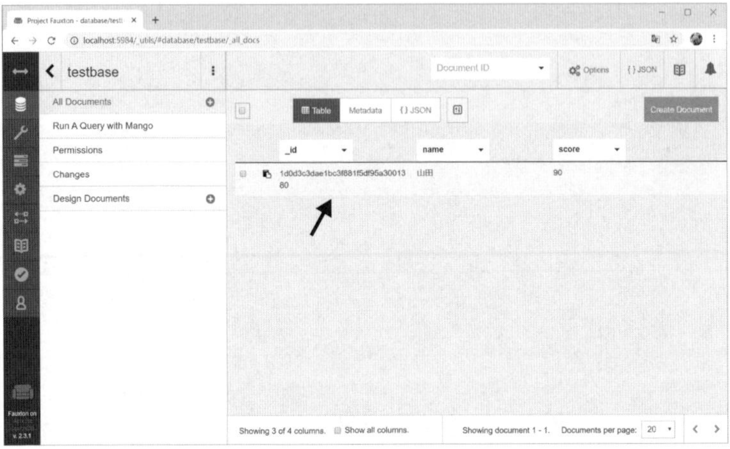


**図 10.10**

9）　ドキュメントの削除：右上の「Delete」をクリックして，ドキュメントを削除する（**図 10.11**）。

**図 10.11**

10) データベース名 testbase の左にある「＜」ボタンをクリック，データベース一覧の画面に戻る（**図 10.12**）。

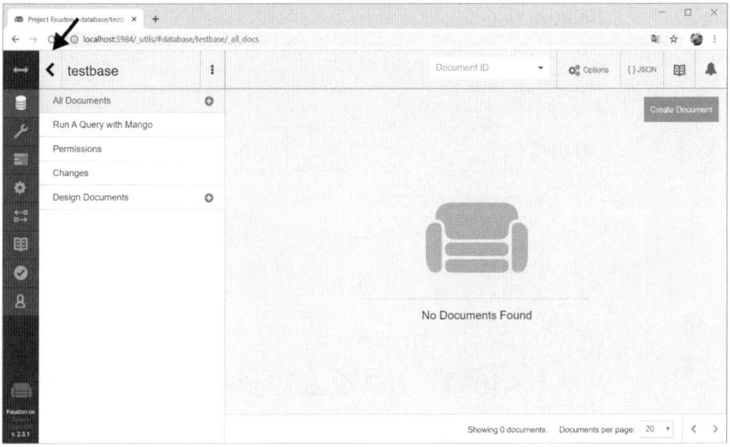


**図 10.12**

11) データベースの削除：データベース testbase の表示情報の右端にあるごみ箱マークをクリックする（**図 10.13**）。

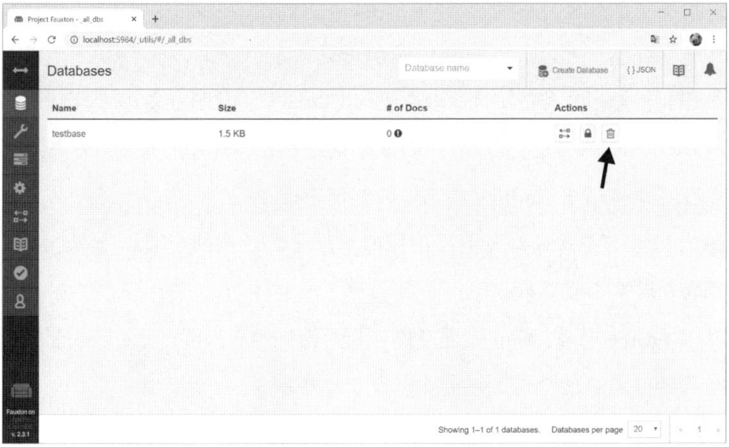


**図 10.13**

12）表示された確認画面に，データベース名を再度タイプすれば，そのデータベースを削除できる（**図 10.14**）。

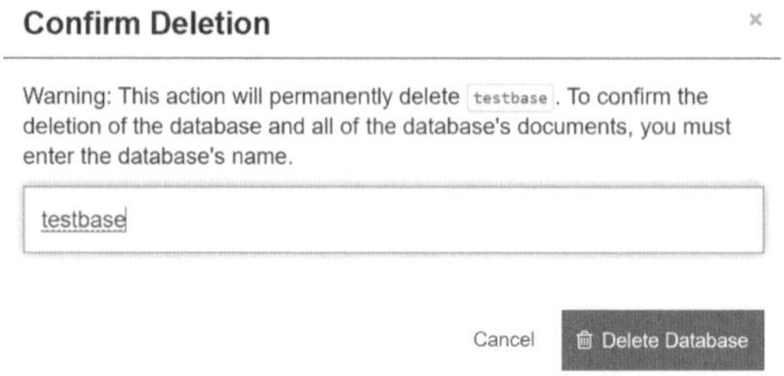


**図 10.14**

## 10.4 カスタムビュー

CouchDB からは，SQL 命令で検索できないが，ビューと呼ばれる仕組みの中で，Map と Reduce の二つの手順で，ドキュメントからデータを取り出すことができる。ここの Map と Reduce 手順の両方ともに，JavaScript 文法にしたがって記述できる。

**ビュー**（View）とは，ユーザー側から見えるデータの様子のことである。つまり，もともとのドキュメントをすべてユーザーに見せるのではなく，見せていいもの，あるいは必要なもののみを見せるという考え方である。ビューを実現するには Map と Reduce の二つの処理を行う。

**Map** とは，ドキュメント別に情報の一部または全部を Key と Value のペアの形で取り出すことである。

また，**Reduce** とは，Map 処理で得られた結果から，ドキュメントをまたがって，同じ Key 値を持つペアを集計することである。

これからのカスタムビューの作成のために，まず，学生成績のデータベースを作成して用意しておく。

**【例題 10.4】** Futon からの操作で，以下の仕様要求にしたがって，学生成績データベースを作成せよ。

**仕様要求**

データベース名：scorebase

ドキュメント：8.1 節〔2〕にある学生の成績表の JSON 形式

1） データベースの作成：起動画面から「Create Database」をクリックする。

2） データベース名「scorebase」をタイプして，「Create」ボタンをクリックする（**図 10.15**）。

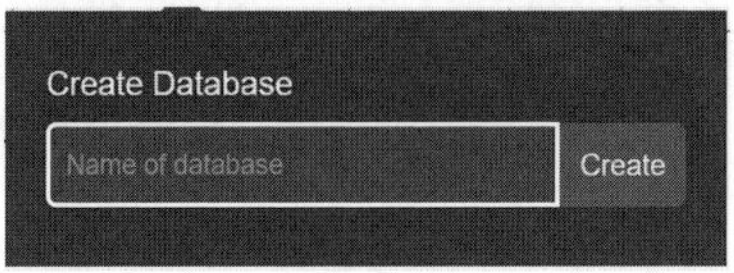


**図 10.15**

3） ドキュメントの作成：右上にある「Create Document」をクリックする（**図 10.16**）。

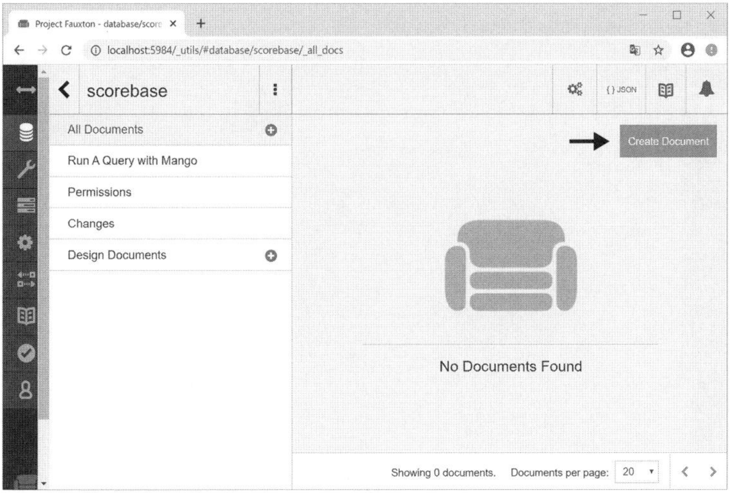


**図 10.16**

4） 左上にある「Create Document」をクリックする（**図 10.17**）。

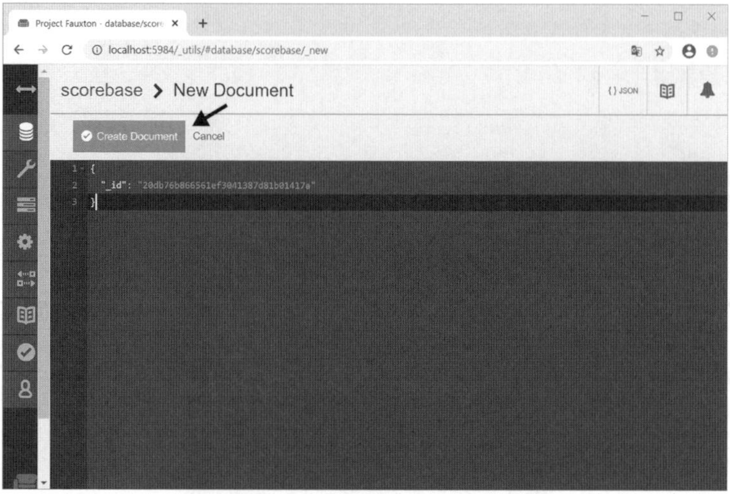


図 10.17

5） ドキュメントの内容の入力：表示されているドキュメントの 1 行分をクリックする（**図 10.18**）。編集画面が開く（**図 10.19**）。

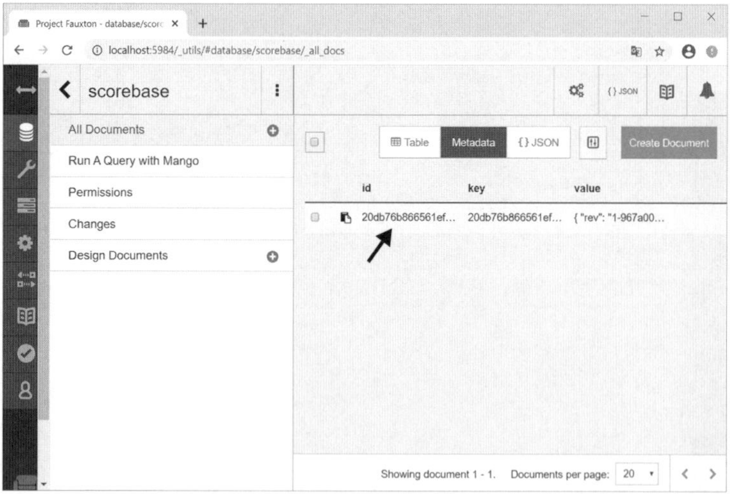


図 10.18

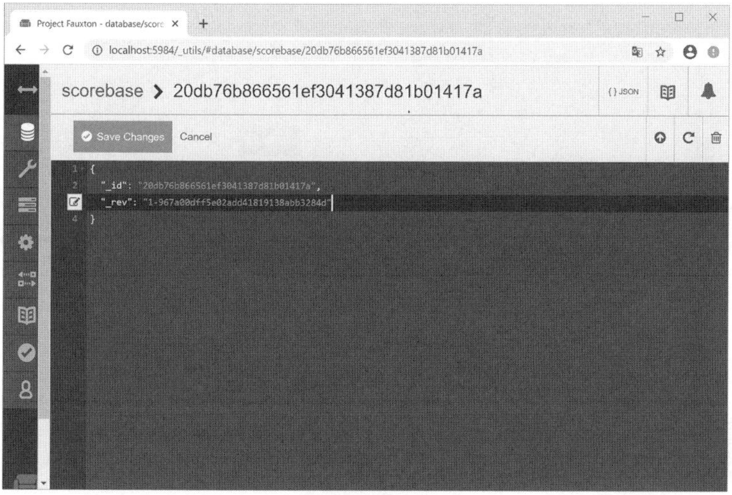


図 **10.19**

6）**図 10.20** のように最初の 1 名の学生のデータを入力して，「Save Changes」をクリックして保存する（属性名も 2 重引用符「"」で括る）。

図 **10.20**

7）手順 4)～6)を繰り返して，残りの 2 名の学生のデータを追加する。データの入力が終わったら，scorebase のドキュメント一覧の画面は**図 10.21** のように表示される。

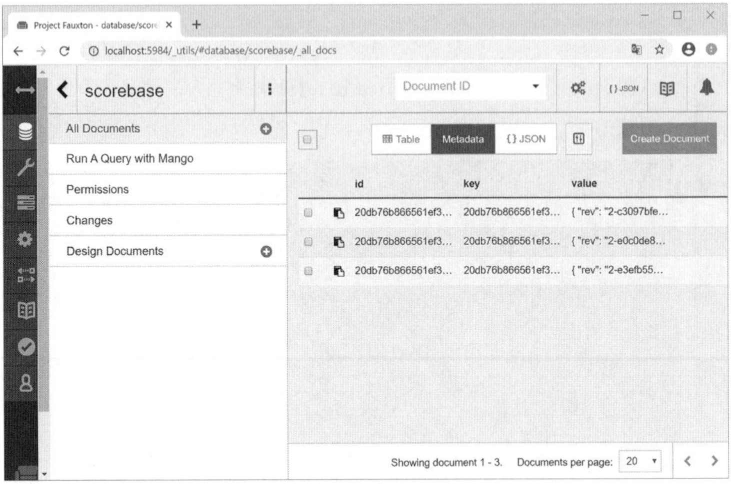


図 10.21

---

**【例題 10.5】** scorebase について，Futon からの操作で，以下の仕様要求を実現するカスタムビューを作成せよ。

**仕様要求**

学生証番号を Key とし，学生の氏名と郵便番号と住所をまとめて Value とする。

---

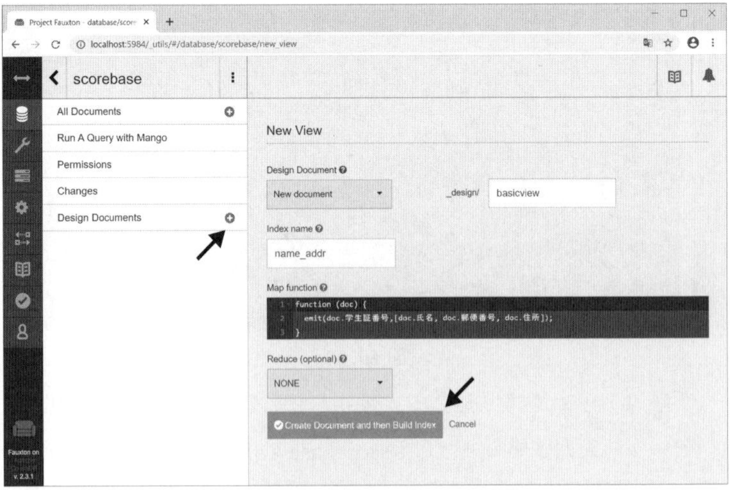


図 10.22

入力画面を**図 10.22** に示す。Design Document の右にある＋マークをクリックして，「New View」を選び，Index name と Map function を入力する。

**ソースコード**

```
function (doc) {
  emit(doc. 学生証番号 ,[doc. 氏名 , doc. 郵便番号 , doc. 住所 ]);
}
```

〔ファイル名：ch10ex5.txt〕

ここで,「Create Document and then Build Index」をクリックする。すると，**図 10.23** のような画面になり，実行結果が表示される。

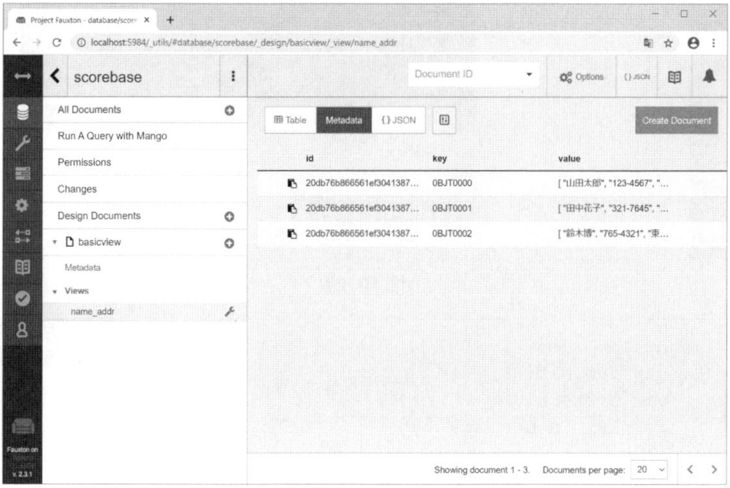


**図 10.23**

**《実行結果の解説》**

実行結果から，学生証番号を Key として，氏名，郵便番号と住所を Value とした〈Key，Value〉のセットが 3 件表示されていることが確認できる。

---

**【例題 10.6】**　scorebase について，Futon からの操作で，以下の仕様要求を実現するカスタムビューを作成する。

**仕様要求**

学生の氏名を Key とし，学生の全履修科目の平均値を Value とする。

---

入力画面を**図 10.24** に示す。basicview の右にある + マークをクリックして，「New View」を選び，Index name と Map function を入力する。

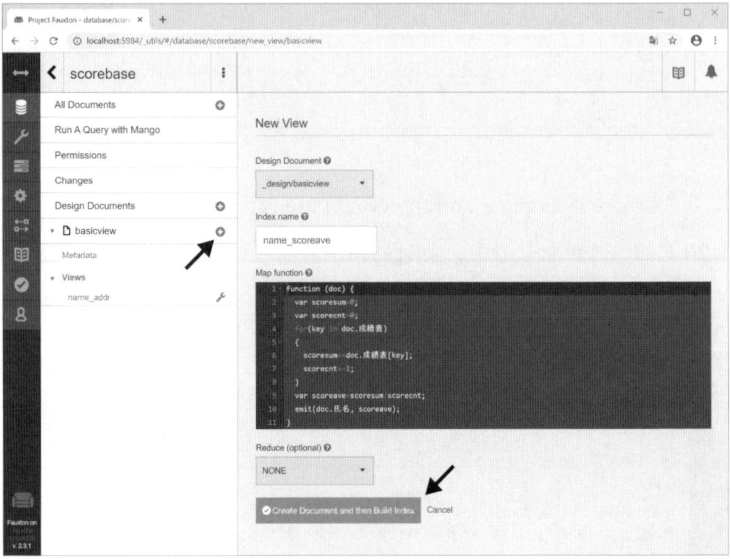


**図 10.24**

ソースコード

```
function (doc) {
  var scoresum=0;
  var scorecnt=0;
  for(key in doc. 成績表 )
  {
    scoresum+=doc. 成績表 [key];
    scorecnt+=1;
  }
  var scoreave=scoresum/scorecnt;
  emit(doc. 氏名 , scoreave);
}
```

〔ファイル名：ch10ex6.txt〕

ここで，「Create Document and then Build Index」をクリックする。すると，**図 10.25** のような画面になり，実行結果が表示される。

**《実行結果の解説》**

実行結果から学生の氏名を Key として，履修科目の成績の平均値を Value とした〈Key，Value〉のセットが 3 件表示されていることが確認できる。

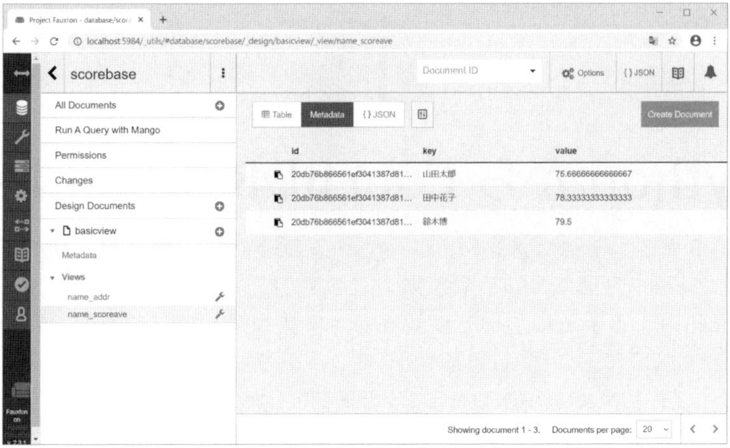


**図 10.25**

## 演　習　問　題

**【10.1】** Futonからの操作で，以下の仕様要求を実現するカスタムビューを作成せよ。

**仕様要求**

プログラミングの成績が60点以上の学生のみ，学生の氏名とプログラミングの成績を表示する。

**【10.2】** Futon からの操作で，以下の仕様要求にしたがって，scorebase のデータを更新せよ。

**仕様要求**

各学生の基本情報のところに，性別という属性とそのデータを追加する。

{"学生証番号":"0BJT0000","氏名":"山田太郎","性別":"男",…以下省略}

{"学生証番号":"0BJT0001","氏名":"田中花子","性別":"女",…以下省略}

{"学生証番号":"0BJT0002","氏名":"鈴木博","性別":"男",…以下省略}

**【10.3】** Futon からの操作で，以下の仕様要求を実現するビューを作成せよ。

**仕様要求**

学生の性別（男女）別に人数をカウントして表示する。

**【10.4】** Futonからの操作で，以下の仕様要求を実現するカスタムビューを作成せよ。

**仕様要求**

学生の性別別に全科目の成績の平均値を計算して表示する。

# 11

# Python から CouchDB を利用する

10 章では，ドキュメント型データベース CouchDB について紹介し，その各種操作手法について解説した。この章では，Python から CouchDB を利用する手法について解説する。まず，Python プログラムから CouchDB にアクセスする基本処理について説明する。その上で，応用例として，Twitter のストリーミングデータを CouchDB に保存するプログラムを作成する。さらに，CouchDB から保存済みの Twitter データを取得して，それを表示するプログラムおよび Twitter の単語出現頻度を計算するプログラムを示し，その作成法について詳しく解説する。

## 11.1 Python から CouchDB にアクセスするために

Python から CouchDB にアクセスするために，CouchDB† というライブラリが必要となる。その導入作業については付録 A.3 を参照してほしい。では，動作確認も兼ねて，例題を一つ作ってみよう。

---

**【例題 11.1】** 下記仕様要求を実現する Python プログラムを作成せよ。

**仕様要求**

（1） CouchDB データベースサーバーに接続する。

（2） データベース testbase を作成する。

（3） testbase に一人分の名前と年齢を入れる。

（4） データベースにあるドキュメントを表示する。

（5） （3）で入れたドキュメントを削除する。

---

† 紛らわしいけれども，このライブラリの名前も CouchDB である。
https://pypi.org/project/CouchDB/

（6）（2）で作成したデータベースを削除する。

**ソースコード**

```
1:  # CouchDB アクセステスト
2:  import couchdb
3:
4:  # CouchDB に接続する
5:  couch = couchdb.Server('http://localhost:5984/')
6:  # 新規作成の場合
7:  db = couch.create('testbase')
8:  # 既存の場合
9:  #db = couch['testbase']
10: # CouchDB にドキュメントを保存する
11: doc = {"name":"山田太郎", "age":21}
12: print(doc)
13: db.save(doc)
14: for id in db:
15:     print("doc id=",id)
16: print("--------------")
17: # ドキュメントを削除する
18: db.delete(doc)
19: for id in db:
20:     print("doc id=",id)
21: print("--------------")
22: # データベースを削除する
23: couch.delete('testbase')
```

〔ファイル名：ch11ex1.py〕

**《ソースコードの解説》**

2: CouchDB に接続するためのライブラリを読み込む。

5: CouchDB に接続して，クライアントを作成する。

7: 新規の場合は，データベース testbase を作成する。

9: 既存の場合は，データベース testbase を指定する。

11: データベースに入れるためのドキュメントを用意する。

12: 用意したドキュメントを表示する。

12: 用意したドキュメントをデータベース保存する。

14～16: データベースにあるドキュメントの ID を表示する。

18: ドキュメントを削除する。

19～21: 削除の結果を確認するために，データベースにあるドキュメントの ID を再度表示する。

23：　データベース testbase を削除する。

実行結果

```
(base) C:¥Users¥fujino¥python3user¥Database>python ch11ex1.py
{'name': '山田太郎', 'age': 21}
doc id= fe94b61815bc09002cb336aa8246ae61
--------------
--------------
```

**《実行結果の解説》**

CouchDB に正常に接続できることが確認できる。また，削除前にドキュメント ID がされて，削除後にドキュメント ID が表示されないことから，ドキュメントが成功に削除されたことも確認できる。

## 11.2 Twitter Streaming Data を CouchDB に保存するプログラム

この節では，CouchDB の利用例をとして，Twitter Streaming Data からツイートを取得して CouchDB に保存するプログラムを作成してみよう。

事前準備として，Twitter からデータを取得するためのライブラリ Tweepy† をインストールする。ライブラリをインストールするには，VSCode のターミナルで以下のように pip コマンドを実行する。

```
pip install tweepy
```

このコマンドの実行結果は以下の通りである。

実行結果

```
(base) C:¥Users¥fujino¥python3user¥Database>pip install tweepy
Collecting tweepy
  Using cached
https://files.pythonhosted.org/packages/36/1b/2bd38043d22ade352fc
3d3902cf30ce0e2f4bf285be3b304a2782a767aec/tweepy-3.8.0-py2.py3
-none-any.whl

「途中一部省略」
```

† https://www.tweepy.org/

```
Installing collected packages: tweepy
Successfully installed tweepy-3.8.0
```

この表示から，tweepy のバージョン 3.8.0 が成功にインストールされたことが確認できる。また，pip list コマンドにより，インストールされたライブラリを表示することができるので，表示結果の中に，tweepy 3.8.0 があれば，プログラムからそれを呼び出して利用することができる。

実際に Twitter からデータを取得するために，もちろん Twitter API アカウントが必要である。アカウント登録の詳細について，本書の取り扱い内容ではないので，Web サイト等の情報を参考にして，用意しておいてください。用意できたら，以下のように認証情報の JSON ファイルを作成して，プログラムと同じフォルダに保存してください。

**Twitter API の認証情報**

```
{
    "CONSUMER_KEY":"あなたが取得した CONSUMER_KEY",
    "CONSUMER_SECRET":"あなたが取得した CONSUMER_SECRET",
    "ACCESS_TOKEN":"あなたが取得した ACCESS_TOKEN",
    "ACCESS_TOKEN_SECRET":"あなたが取得した ACCESS_TOKEN_SECRET"
}
```

〔ファイル名：mytwitterkey.json〕

これで準備ができたので，Twitter からデータを取得するプログラムを作成しよう。

---

**【例題 11.2】** 下記仕様要求を実現する Python プログラムを作成せよ。

**仕様要求**

Twitter Streaming Data からツイートを取得して，その全情報を CouchDB に保存する。ただし

（1）日本語のツイートを取得する。

（2）ツイート本文の長さは一定の文字数（例えば 20）以上のもののみ取

得する。

（3） データベース名は，「基本部分＋日付」のようにして，一日分をまとめて一つのデータベースに保存する。

（4） ツイートを取得し続けるように，エンドレスに実行する。

**ソースコード**

```
# Twitter Streaming Data を CouchDB に保存する

import datetime
import tweepy
import json
import jsonpickle
import couchdb
import re

# クラス定義
class MyStreamListener(tweepy.StreamListener):
    def on_status(self, status):
        tdatetime = datetime.datetime.now()
        dstr = tdatetime.strftime('%Y%m%d')
        tstr = tdatetime.strftime('%H:%M:%S')
        dbname=dbname0+dstr
        try:
            db = server.create(dbname)
        except couchdb.http.PreconditionFailed:
            db = server[dbname]
        text = status.text.strip()
        # url と RT と @username を除去する
        text=' '.join(re.sub("(@[A-Za-z0-9_:]+)|(¥w+:¥/¥/¥S+)","",text).split())
        text=re.sub("RT","",text)
        if len(text) >= 20:
            print(">>>>> Date=",dstr, "Time=",tstr, "Twitter ID=",status.id_str)
            # オブジェクトを JSON 文字列に変換
            status_json = jsonpickle.encode(status, unpicklable=False)
            # JSON 文字列をディクショナリに変換
            status_dic = json.loads(status_json, encoding = 'utf-8')
            # 保存実行：save() メソッドは，ディクショナリを保存する
            db.save(status_dic['_json'])
```

```
33:
34: #  ここから実行する
35: if __name__ == "__main__":
36:     # サーバー定義
37:     server = couchdb.Server('http://localhost:5984')
38:     # データベース名の基本部分
39:     dbname0='twitter-sample-'
40:     # ファイルから Twitter の認証情報を取得する
41:     with open("mytwitterkey.json") as fjson:
42:         twkey=json.load(fjson)
43:     #Twitter の認証を行う
44:      twitterauth = tweepy.OAuthHandler(twkey["CONSUMER_KEY"],
   twkey["CONSUMER_SECRET"])
45:       twitterauth.set_access_token(twkey["ACCESS_TOKEN"],
   twkey["ACCESS_TOKEN_SECRET"])
46:     # ストリーミングオブジェクトを用意する
47:     streaming_api  =  tweepy.streaming.Stream(twitterauth,
   MyStreamListener(), timeout=60)
48:     # エラーの場合は，繰り返し再実行する
49:     errcnt=0
50:     while(True):
51:         try:
52:             # 日本語の Tweet を取得する
53:             streaming_api.sample(languages=['ja'])
54:         except Exception as err:
55:             errcnt+=1
56:             print("エラー第 %d 回 :  発生時間 =%s  エラーメッセージ =%s"
   % (errcnt, str(datetime.datetime.now()), str(err)))
```

〔ファイル名：ch11ex2.py〕

### 《ソースコードの解説》

3: ライブラリ datetime を読み込む。

4: ライブラリ tweepy を読み込む。

5: ライブラリ json を読み込む。

6: ライブラリ jsonpickle を読み込む。

7: ライブラリ couchdb を読み込む。

8: ライブラリ re を読み込む。

11～40: クラス MyStreamListener の定義。

11: クラス定義の先頭行。tweepy.StreamListener クラスを継承して，新しく MyStreamListener クラスを作る。

12～32: メソッド on_status() を定義する。引数は status である。status はツイー

トの一つの全部のデータをまとめたものである。このメソッドは，ツイートを受信するたびに実行される。

13：　現在の日付時刻を取得する。

14：　現在の日付時刻から日付の文字列を取り出す。

15：　現在の日付時刻から時刻の文字列を取り出す。

16：　dbname0 と日付と連結して，dbname に代入する。

17～20：　データベース dbname 新規作成する。ただし，例外が発生した場合，既存のデータベースを使う。

21：　ツイートのテキストにある制御文字を除去して，text に代入する。status.text にはツイートのテキストが保存されている。

23：　text から url と @username を除去する。

24：　text から「RT」を除去する。

25～32：　if 文ブロック。text の長さは 20 文字以上の場合は，status を CouchDB に保存する。

25：　if 文の先頭行。条件 len(text)≧20 ならば，if 文の本体を実行する。

26：　日付，時刻とツイート ID を表示する。

28：　status オブジェクトを JSON 文字列に変換する。

30：　さらに JSON 文字列をディクショナリに変換する。

32：　ディクショナリを CouchDB に保存する。

35：　プログラムはここから実行する。

37：　CouchDB に接続する。

39：　データベース名の基本部分を設定する。

41～42：　Twitter API のアカウント認証情報をファイルから取得する。

45～46：　Twitter API の認証を行う。

47：　ストリーミングオブジェクト streaming_obj を作成する。

49～52：　while ブロック。streaming_obj を呼び出して，ツイートを取得する。

49：　errcnt はエラーの回数を記録する変数。初期値 =0

50：　無限ループを使う。

51～52：　streaming_obj を呼び出して，ツイートを取得することを try する。

54～56：　例外が発生した場合は，errcnt に 1 を増して，エラー発生の回数，時刻とエラーメッセージを表示する。

**《実行結果》**

VSCode のターミナル画面では，ツイートを取得したたびに，日付，時刻とツイートの ID の一行が表示される。無限ループのプログラムなので，エンドレスに表示される。なお，中止したい場合は，キーボードから「Ctrl＋C」を入力して終了できる。

**実行結果**

```
「途中一部省略」
>>>>> Date= 20200314 Time= 11:57:00 Twitter ID= 1238660351543009280
>>>>> Date= 20200314 Time= 11:57:00 Twitter ID= 1238660355724677121
>>>>> Date= 20200314 Time= 11:57:00 Twitter ID= 1238660355745705984
>>>>> Date= 20200314 Time= 11:57:00 Twitter ID= 1238660355745710086
>>>>> Date= 20200314 Time= 11:57:00 Twitter ID= 1238660355749904385
>>>>> Date= 20200314 Time= 11:57:00 Twitter ID= 1238660355758252033
>>>>> Date= 20200314 Time= 11:57:00 Twitter ID= 1238660355749892104
>>>>> Date= 20200314 Time= 11:57:01 Twitter ID= 1238660355733127169
>>>>> Date= 20200314 Time= 11:57:01 Twitter ID= 1238660355758252032
>>>>> Date= 20200314 Time= 11:57:01 Twitter ID= 1238660355741515776
>>>>> Date= 20200314 Time= 11:57:01 Twitter ID= 1238660359944208385
>>>>> Date= 20200314 Time= 11:57:01 Twitter ID= 1238660359914844160
>>>>> Date= 20200314 Time= 11:57:01 Twitter ID= 1238660359948365826
>>>>> Date= 20200314 Time= 11:57:01 Twitter ID= 1238660359914795013
>>>>> Date= 20200314 Time= 11:57:01 Twitter ID= 1238660359944355840
>>>>> Date= 20200314 Time= 11:57:02 Twitter ID= 1238660359952588801
>>>>> Date= 20200314 Time= 11:57:02 Twitter ID= 1238660359935758337
>>>>> Date= 20200314 Time= 11:57:02 Twitter ID= 1238660364117536774
>>>>> Date= 20200314 Time= 11:57:02 Twitter ID= 1238660364113342465
「途中一部省略」
```

### 《実行結果の解説》

実際の動作結果から見ると，1 秒間に 7 か 8 ツイートを取得できたことが確認できる。これをまるまる 24 時間実行すると，64 万 8 千通のツイートを取得できる計算になる。なお，CouchDB に保存したツイートは Futon から確認できる。

**図 11.1** データベース一覧画面に「twitter-sample-2020xxxx」のようなデータベース名が確認できる。「# of Docs」の列にツイートの総数が表示される。データベース名をクリックすると，**図 11.2** のように，ドキュメント（ここではツイートデータ）の一覧が表示される。ドキュメントをクリックすると，**図 11.3** のように，一つのツイートのデータセットにあるすべてのデータを JSON 形式で表示される。その中には，ユーザー名（screenname），ユーザーの自己紹介（description），投稿した日付時刻 (created_at) およびツイート本文 (text) など，もりたくさんの情報が含まれていることがわかる。

**図 11.1**　データベースの一覧画面

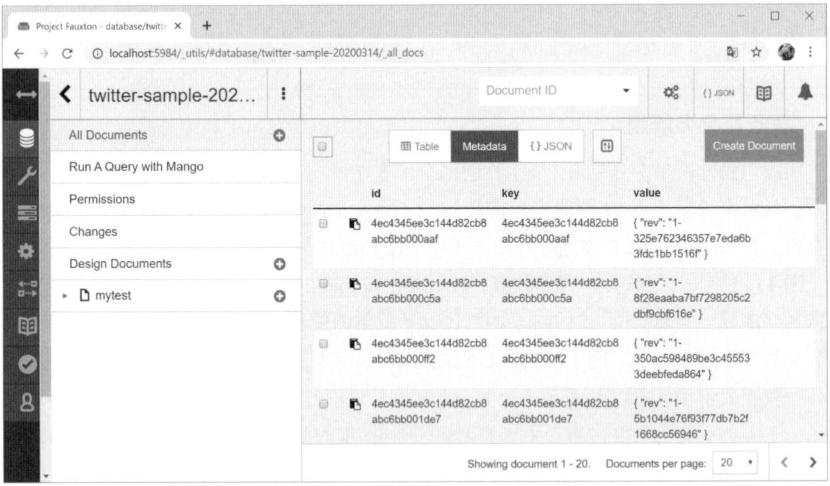


**図 11.2**　ドキュメントの一覧画面

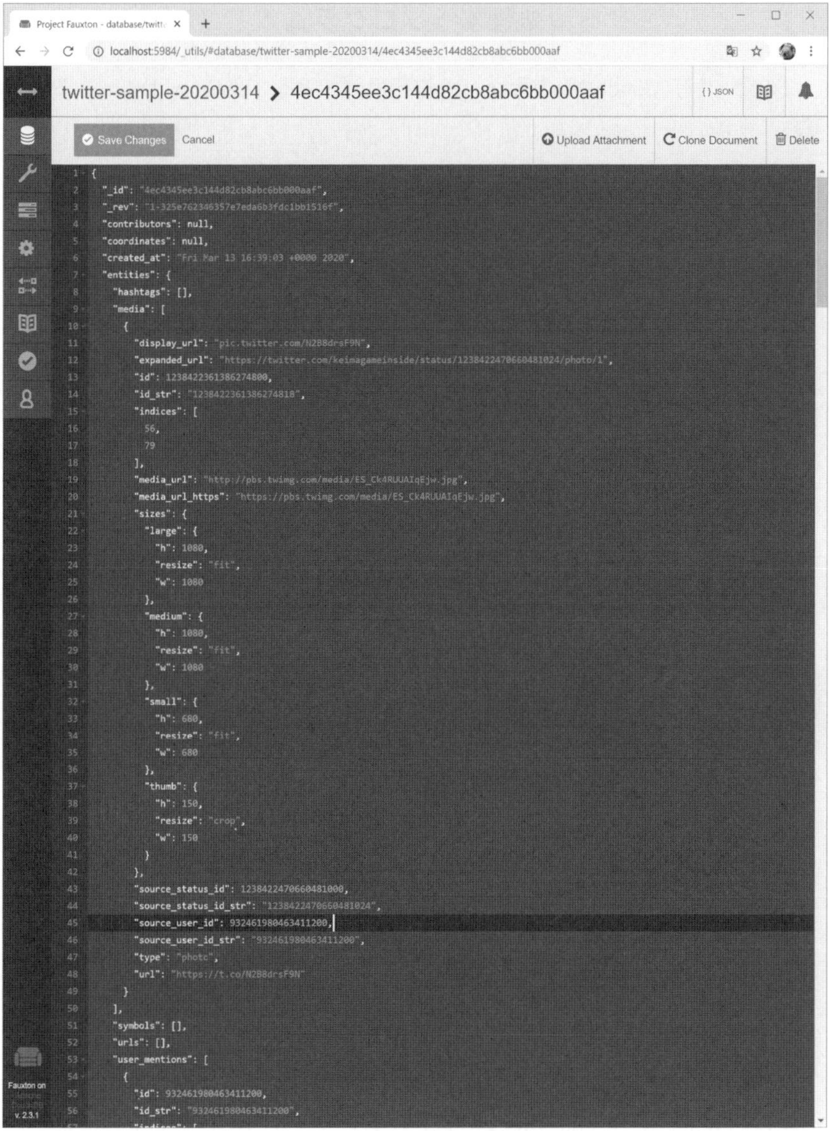


**図 11.3**　ドキュメントの中身（JSON 形式）の表示画面

## 11.3 CouchDB からツイートを取り出して処理するプログラム

この節では，CouchDB のもう一つの利用例をとして，CouchDB にあるデータベースからツイートを取り出して，日本語の形態素解析により単語に分割して，単語の出現回数を計算するプログラムを作成してみよう。

しかし，ツイートにはよくいろいろな絵文字が使われる傾向がある。そのまま形態素解析にかけると，不必要な文字がたくさん残ってしまうので，前処理段階で絵文字を除去する処理が必要となる。そのため，準備作業として，emoji[†]というライブラリをインストールしておく。ライブラリ emoji をインストールするには，VSCodeのターミナルで以下のようにpip コマンドを実行する。

```
pip install emoji
```

このコマンドの実行結果は以下の通りである。

```
(base) C:¥Users¥fujino¥python3user¥TwitterToCouchdb>pip install
emoji
Collecting emoji
  Downloading
https://files.pythonhosted.org/packages/40/8d/521be7f0091fe0f2ae
690cc044faf43e3445e0ff33c574eae752dd7e39fa/emoji-0.5.4.tar.gz
(43kB)
    100% |████████████████████████████████| 51kB 1.9MB/s
Building wheels for collected packages: emoji
  Building wheel for emoji (setup.py) ... done
  Stored in directory:
C:¥Users¥fujino¥AppData¥Local¥pip¥Cache¥wheels¥2a¥a9¥0a¥4f8e8cce8074232
aba240caca3fade315bb49fac68808d1a9c
Successfully built emoji
Installing collected packages: emoji
Successfully installed emoji-0.5.4
```

この表示から，emoji のバージョン 0.5.4 が成功にインストールされたことが確認できる。また，pip list コマンドにより，インストールされたライブラ

† https://pypi.org/project/emoji/

リを表示することができるので，表示結果の中に，emoji 0.5.4 があれば，プログラムからそれを呼び出して利用することができる。

---

**【例題 11.3】** 下記仕様要求を実現する Python プログラムを作成せよ。

**仕様要求**

（1） CouchDB にあるデータベースに接続する。

（2） データベースからツイートのテキストを取得する。

（3） 取得したツイートのテキストに対して，形態素解析を行う。

（4） 単語の出現回数を計算する。

（5） （4）の計算結果から，出現回数の上位 100 単語を画面に表示する。さらに，その結果をテキストファイルにも保存する。

---

**ソースコード**

```
# CouchDB からツイートを取得する -> 形態素解析 -> 単語の出現回数
import couchdb
import MeCab
import emoji
import re

#サーバーに接続
server = couchdb.Server('http://localhost:5984')
# データベース名の指定
dbname0='twitter-sample-'
dbdate='20200313'
dbname=dbname0+dbdate
#データベースへアクセス
db = server[dbname]
#view を作成する
design = {}
#view のデザイン名を指定
design['_id'] = "_design/mytest"
#使用する言語を指定
design['language'] = "javascript"
#view を作成
views = {}
map = {}
```

```
map['map'] = """
function(doc) {
            emit(doc._id, {Twitter_id:doc.id_str, Screen_name:doc.user.screen_name, Text:doc.text})
}"""
views['myview1'] = map
design['views'] = views
# デザインの追加を実行
if "_design/mytest" not in db:
    db.save(design)
#view を指定して，データを一括取得する
results = db.view("mytest/myview1")

tagger = MeCab.Tagger('-Ochasen')
wordsdic={}
# 取得したデータを処理する
for result in results:
    text=result['value']['Text']
    #print("Tweet Text", text)
    # wwwww を除去
    text = re.sub("ww+|WW+|w+$|W+$", " ", text)
    # @username を除去
    text=re.sub("(@[A-Za-z0-9_:]+)"," ",text)
    # url を除去
    text=re.sub(r'https?://[¥w/:%#¥$&¥?¥(¥)~¥.=¥+¥-…]+', " ", text)
    # HTML 表記の特殊記号を除去
    text = re.sub("(&[A-Za-z0-9]+)", " ", text)
    # 半角記号を除去
    text = re.sub("[!-/:-@[-`{-~,.+;°^|]", " ", text)
    # 数字を除去
    text = re.sub("¥d+", " ", text)
    # RT,DM を除去
    text = re.sub("RT|DM", " ", text)
    # https…を除去
    text = re.sub("https…|htt…", " ", text)
    # 全角記号を除去
    text = re.sub(u'[■-♯]', ' ', text)
    # 絵文字を除去
     text = ''.join(['' if c in emoji.UNICODE_EMOJI else c for c in text])
    # 1 行にまとめる
    text=" ".join(text.split())
    # print('Text:',text)
    node = tagger.parseToNode(text)
```

```
66:     while node:
67:         # print(node.surface + '¥t' + node.feature)
68:         # 形態素属性を分割してリストに入れる
69:         node_features=node.feature.split(",")
70:         if node_features[0]=="名詞" and (node_features[1]=="一般" or node_features[1]=="固有名詞"):
71:             word=node.surface
72:             wordsdic[word]=wordsdic.get(word,0)+1
73:         node = node.next
74:
75: fout=open("top100words-"+dbdate+".csv", "w", encoding="utf-8")
76: n=0
77: for word, cnt in sorted(wordsdic.items(), key=lambda x:x[1], reverse=True)[0:100]:
78:     n+=1
79:     print(n,"番：単語=", word, "出現回数=",cnt)
80:     foutstr=word+","+str(cnt)+"¥n"
81:     fout.write(foutstr)
82: fout.close()
```

〔ファイル名：ch11ex3.py〕

### 《ソースコードの解説》

2:　ライブラリ couchdb を読み込む。

3:　ライブラリ MeCab を読み込む。

4:　ライブラリ emoji を読み込む。

5:　ライブラリ re を読み込む。

8:　CouchDB サーバーに接続する。

10〜12:　データベース名を作成する。

14:　データベースにアクセスする。

15〜29:　CouchDB からデータを取得するためのビューを作成する。

24〜27:　ビューの Map 関数を作成する。
emit( ) 関数の Key 引数は doc._id である。
emit( ) 関数の Value 引数は以下の要素をまとめたものである。
Twitter_id に doc.id_str（ツイート ID）を割り当てる。
Screen_name に doc.user.screen_name（ユーザー名。具体的には，ユーザーの中のスクリーン名）を割り当てる。
Text に doc.text（ツイートテキスト）を割り当てる。

31〜32:　すでに存在するではなければ，デザインドキュメントをデータベースに保存する。

34:　作成したビューにしたがって，データベースからデータを一括取得して，results に代入する。

35:　形態素解析 MeCab のオブジェクトを作成する。

36:　単語の出現回数を入れるために，空のディクショナリを作成する。

39～73:　for 文ブロック。取得データを処理して，単語の出現頻度を得る。

39:　for 文先頭行。results の要素を一つずつ作業変数 result に代入する。

40:　result からツイートテキストを取り出して，text に代入する。

41:　（確認用）text を表示する。

42～64:　形態素解析に掛けるまえに，text にある不要な文字を除去する。

43:　text から wwwwwwwwww を除去する。

45:　text から @username を除去する。

47:　text から url を除去する。

49:　text から HTML 用特殊記号（&gt,&lt,&amp など）を除去する。

51:　text から半角記号を除去する。

53:　text から半角数字を除去する。

55:　text から RT と DM を除去する。

57:　text から https…と htt…を除去する。

59:　text から全角記号を除去する。

61:　text から絵文字を除去する。

63:　text を 1 行にまとめる。

64:　（確認用）test を表示する。

65:　text を形態素解析 MeCab に掛ける。その結果を node に代入する。

66～73:　while 文ブロック。node の中身を処理する。

67:　（確認用）node の中身を表示する。node.surface には文 text にある単語の表記，node.feature にはその単語の形態素解析結果（品詞や原形，読み方など）が保管される。

69:　node.feature を分割して，リスト node_features に代入する。

70～72:　if 文ブロック。

70:　品詞の大分類（node_features[0]）が「名詞」で，かつ（品詞の中分類 node_features[1]）が「一般」または「固有名詞」である場合，71,72 行の処理を行う。

71:　node.surface を word に代入する。

72:　wordsdic にある word の値に 1 を足す。ただし，初期値 =0 とする。

73:　node に次の形態素解析結果を代入する。

75～82:　単語出現頻度のディクショナリ wordsdic を画面とファイルに出力する。

75:　出力用のファイルを開く。ファイル名は，top100words+ 日付とする。

76:　順位番号 n の初期値を 0 とする。

77〜81:　for 文ブロック。

77:　for 文の先頭行。wordsdic を出現回数の降順でソートして，上位 100 番までの要素（ペア値）を取り出して，作業変数 word と cnt に代入する。

78:　順位番号に 1 を足す。

79:　画面に順位，単語と出現回数を表示する。

80:　word と cnt とつないで，ファイル出力用文字列 foutstr を用意する。

81:　foutstr をファイルに書き込む。

82:　ファイルを閉じる。

**実行結果**

```
(base) C:¥Users¥fujino¥python3user¥Database>python ch11ex3.py
1 番：単語 = 人 出現回数＝ 21677
2 番：単語 = 一 出現回数＝ 16946
3 番：単語 = 月 出現回数＝ 15278
4 番：単語 = コロナ 出現回数＝ 9545
5 番：単語 = 笑 出現回数＝ 9163
6 番：単語 = 自分 出現回数＝ 8323
7 番：単語 = キャンペーン 出現回数＝ 7480
8 番：単語 = 円 出現回数＝ 7312
9 番：単語 = 日 出現回数＝ 7209
10 番：単語 = ツイート 出現回数＝ 7078
11 番：単語 = 動画 出現回数＝ 6860
12 番：単語 = 名 出現回数＝ 6259
13 番：単語 = 日本 出現回数＝ 5354
14 番：単語 = コラボ 出現回数＝ 5316
15 番：単語 = 方法 出現回数＝ 5029
16 番：単語 = 年 出現回数＝ 4682
17 番：単語 = 新型 出現回数＝ 4606
18 番：単語 = ゲーム 出現回数＝ 4546
19 番：単語 = 情報 出現回数＝ 3952
20 番：単語 = アニメ 出現回数＝ 3901
21 番：単語 = 気 出現回数＝ 3825
22 番：単語 = ID 出現回数＝ 3801
23 番：単語 = あと 出現回数＝ 3631
24 番：単語 = 香川 出現回数＝ 3579
25 番：単語 = 世界 出現回数＝ 3578
26 番：単語 = 楽しみ 出現回数＝ 3570
27 番：単語 = ウイルス 出現回数＝ 3505
28 番：単語 = 無料 出現回数＝ 3366
29 番：単語 = w 出現回数＝ 3299
```

```
30 番：単語= 期間 出現回数＝ 3297
31 番：単語= 歳 出現回数＝ 3240
32 番：単語= カード 出現回数＝ 3219
33 番：単語= 猫 出現回数＝ 3134
34 番：単語= ライブ 出現回数＝ 3058
35 番：単語= 理想 出現回数＝ 3038
36 番：単語= Lv 出現回数＝ 3027
37 番：単語= 写真 出現回数＝ 3014
38 番：単語= Twitter 出現回数＝ 2959
39 番：単語= リプ 出現回数＝ 2884
40 番：単語= 東京 出現回数＝ 2875
41 番：単語= FGO 出現回数＝ 2863
42 番：単語= イベント 出現回数＝ 2829
43 番：単語= 感じ 出現回数＝ 2805
44 番：単語= パートナー 出現回数＝ 2799
45 番：単語= 最高 出現回数＝ 2793
46 番：単語= 目 出現回数＝ 2731
47 番：単語= A 出現回数＝ 2716
48 番：単語= 声 出現回数＝ 2699
49 番：単語= リツイート 出現回数＝ 2664
50 番：単語= 画像 出現回数＝ 2632
51 番：単語= TV 出現回数＝ 2561
52 番：単語= D 出現回数＝ 2540
53 番：単語= 男性 出現回数＝ 2524
54 番：単語= スト 出現回数＝ 2498
55 番：単語= 手 出現回数＝ 2491
56 番：単語= M 出現回数＝ 2489
57 番：単語= 男 出現回数＝ 2485
58 番：単語= 春 出現回数＝ 2443
59 番：単語= 本 出現回数＝ 2411
60 番：単語= 垢 出現回数＝ 2410
61 番：単語= 気持ち 出現回数＝ 2392
62 番：単語= 最後 出現回数＝ 2385
63 番：単語= 子 出現回数＝ 2367
64 番：単語= 回 出現回数＝ 2328
65 番：単語= 全員 出現回数＝ 2254
66 番：単語= フォロワー 出現回数＝ 2234
67 番：単語= 金 出現回数＝ 2232
68 番：単語= 条件 出現回数＝ 2223
69 番：単語= アカウント 出現回数＝ 2221
70 番：単語= 皆様 出現回数＝ 2166
71 番：単語= 賞品 出現回数＝ 2145
72 番：単語= 商品 出現回数＝ 2143
73 番：単語= キャラ 出現回数＝ 2136
74 番：単語= モン 出現回数＝ 2135
```

```
75 番：単語＝ 黒 出現回数＝ 2119
76 番：単語＝ ガチャ 出現回数＝ 2102
77 番：単語＝ 時 出現回数＝ 2097
78 番：単語＝ 皆さん 出現回数＝ 2079
79 番：単語＝ マスク 出現回数＝ 2059
80 番：単語＝ 人間 出現回数＝ 2047
81 番：単語＝ 鬼 出現回数＝ 2037
82 番：単語＝ GET 出現回数＝ 2025
83 番：単語＝ 作品 出現回数＝ 2024
84 番：単語＝ ドラえもん 出現回数＝ 2017
85 番：単語＝ 顔 出現回数＝ 2013
86 番：単語＝ 匿名 出現回数＝ 2005
87 番：単語＝ 曲 出現回数＝ 1998
88 番：単語＝ ステ 出現回数＝ 1980
89 番：単語＝ 豪華 出現回数＝ 1955
90 番：単語＝ 弾 出現回数＝ 1948
91 番：単語＝ 先生 出現回数＝ 1948
92 番：単語＝ ホワイト 出現回数＝ 1919
93 番：単語＝ セット 出現回数＝ 1909
94 番：単語＝ 映画 出現回数＝ 1908
95 番：単語＝ オタク 出現回数＝ 1906
96 番：単語＝ 絵 出現回数＝ 1899
97 番：単語＝ 中国 出現回数＝ 1887
98 番：単語＝ 夢 出現回数＝ 1850
99 番：単語＝ 森 出現回数＝ 1803
100 番：単語＝ こ 出現回数＝ 1790
```

**《実行結果の解説》**

実際の動作結果から，上位 100 位までの単語は頻出順に表示されていることが確認できる。また，以下に示すテキストファイル top100words-20200313.csv が生成されていることも確認できる。

**テキストファイル**

```
1:   人,21677
2:   一,16946
3:   月,15278
4:   コロナ,9545
5:   笑,9163
6:   自分,8323
7:   キャンペーン,7480
8:   円,7312
9:   日,7209
10:  ツイート,7078
```

```
11: 動画,6860
12: 名,6259
13: 日本,5354
14: コラボ,5316
15: 方法,5029

「以下省略」
```

〔ファイル名：top100words-20200313.csv〕

## 演 習 問 題

**【11.1】** CouchDB に保存してある 1 日分の Twitter データについて，Python プログラムを作成して以下の要求を実現せよ。

**仕様要求**

（1） ユーザー別にツイート数をカウントする。

（2） ツイート数の上位 20 ユーザーについて，ユーザー名とツイート数を，ツイート数の降順で表示する。

**【11.1】** CouchDB に保存してある 1 日分の Twitter データについて，Python プログラムを作成して以下の要求を実現せよ。

**仕様要求**

（1） ユーザー別にツイート数をカウントする。

（2） ユーザー別に単語の出現回数を計算する。

（3） ツイート数の上位 20 ユーザーについて，ユーザー名，ツイート数，上位 30 単語を，ツイート数の降順で表示する。

**【11.3】** CouchDB に保存してある連続した 2 日分の Twitter データについて，例題 11.3 のプログラムを実行し，2 日分の top100words ファイルを作成する。その上で，Python プログラムを作成して以下の要求を実現せよ。

**仕様要求**

（1） 実行結果の top100words ファイルを利用して，2 日目の top100 単語について，前日の top100 単語に対する順位の変化数を記録する。ただし，新しく出現した単語の場合は，「100」を記録する。

（2） （1）の結果を，順位変化数の降順で画面に表示する。ただし，順位変化数が 100 の場合は，「new」と表示する。

（3） （2）と同様の要領で，処理結果をファイルに保存する。ただし，保存ファイル名は，「top100changes−2 日目の日付.txt」とする。

# 付　　　録

この付録では，本書で利用した各種データベース管理ソフトウェアの導入およびPythonからそれらのデータベースを利用するための開発環境の構築について解説する。まず，本書で使用したコンピュータの基本仕様および導入した各種ソフトウェアの一覧を以下に示す。

**動作確認用コンピュータの基本仕様**：

HP Spectre Notebook

CPU：Intel Core i7-7500U

メモリ：8 GB

ハードディスク：463 GB

ネットワーク：Wi-Fi（インターネットアクセス）

OS：Windows10 Home 64 bit

Python：Anaconda バージョン 2019.03（Python 3.7 バージョン）

プログラム統合開発環境：Visual Studio Code バージョン 1.31.0

**本書のために導入したソフトウェアパッケージ**：

MySQL 8.0.20

MongoDB 4.2.3

CouchDB 2.3.1

mysql-connector-python 8.0.20

pymongo 3.10.1

CouchDB 1.2（Python のライブラリ）

emoji 0.5.4

tweepy 3.8.0

MeCab：本体：バージョン 0.996

mecab-python-windows 0.996.3

（注意：ここの Anaconda，Visual Studio Code および MeCab の本体とライブラリの導入および環境の構築については，拙著『Python によるデータマイニングと機械学習（オーム社，2019 年発行）』を参照されたい。）

以下は MySQL 関連，MongoDB 関連および CouchDB 関連のソフトウェアの導入手順について，実際の作業画面を示しながら，詳しく解説していく。

## A.1 MySQL 関連ソフトウェアの導入

### 〔1〕 MySQL のダウンロード

1） 以下の URL を指定して，MySQL のダウンロードサイトにアクセスする。

URL：https://dev.mysql.com/downloads/mysql/

2）「Go to Download Page」ボタンをクリックする（**図 A.1**）。

**図 A.1**

3）2番目のインストーラ（mysql-installer-community-8.0.20.0.msi）の右にある「Download」ボタンをクリックする（**図A.2**）。

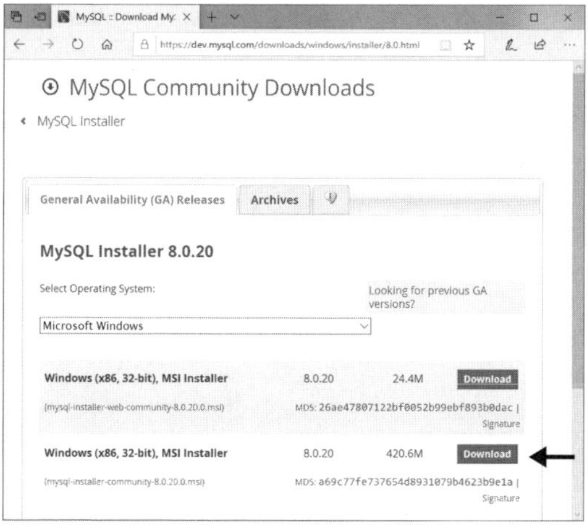


**図A.2**

4）「No thanks, just start my download」をクリックする（**図A.3**）。その後，「名前を付けて保存」画面になる。保存先のフォルダは「ダウンロード」であることを確認し，「新しいフォルダー」をクリックして，「MySQL8」を作成する。そして，作成したフォルダ「MySQL8」をクリックする。

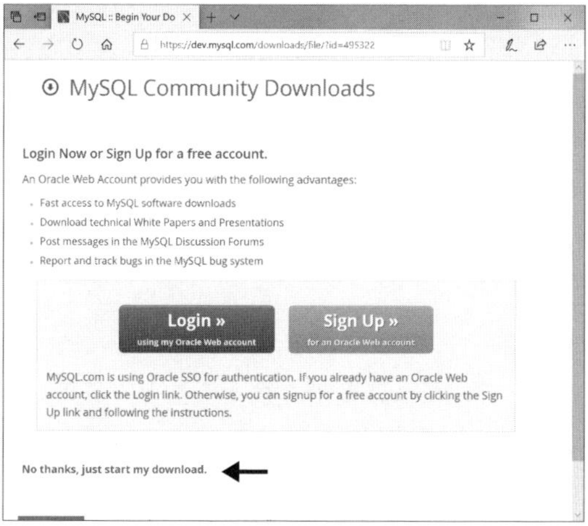


**図A.3**

5）ファイル名をそのままにして,「保存」ボタンをクリックする（**図 A.4**）。ダウンロード終了後に,「ダウンロード」の MySQL8 フォルダを開いて, MySQL の Windows インストーラ mysql-installer-community-8.0.20.0.msi があることを確認してください。

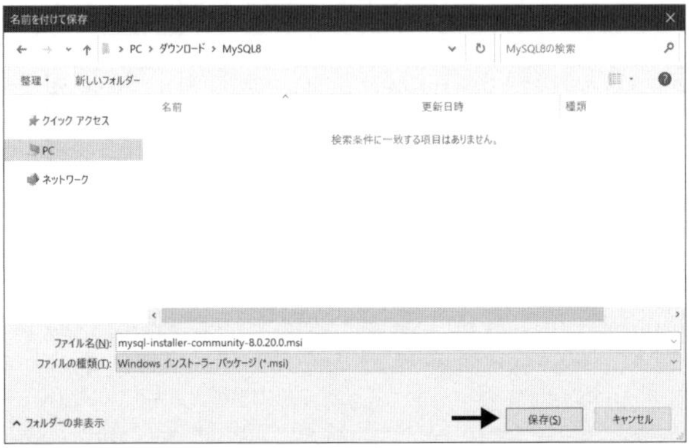


**図 A.4**

## 〔2〕 MySQL のインストール

1）MySQL のインストーラをダブルクリックする（**図 A.5**）。

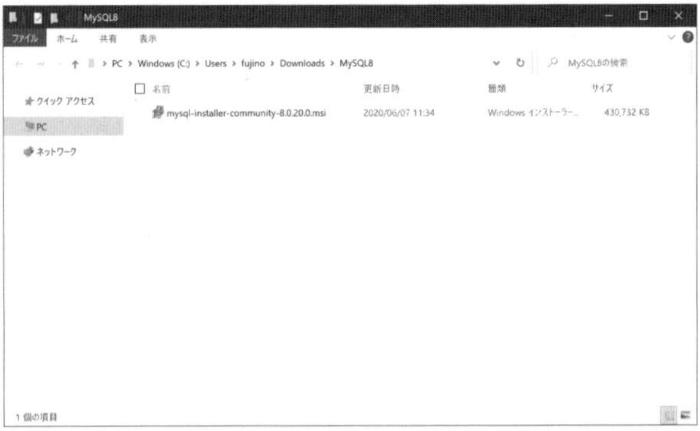


**図 A.5**

2）「このアプリがデバイスに変更を加えることを許可しますか」（mysql-install-community-8.0.20.0.msi）のダイヤログが表示されたら、「はい」をクリックする。

3）「このアプリがデバイスに変更を加えることを許可しますか」（MySQL InstallLauncher.msi）のダイヤログが表示されたら、「はい」をクリックする。

4）「Server only」を選択してから,「Next>」ボタンをクリックする（**図 A.6**）。

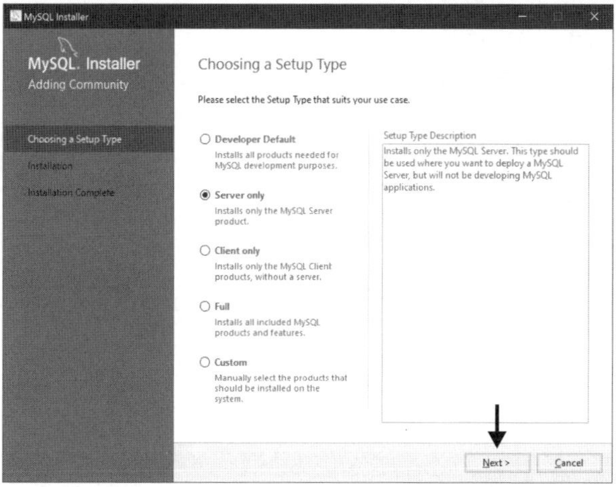


**図 A.6**

5）「Execute」ボタンをクリックする（**図 A.7**）。

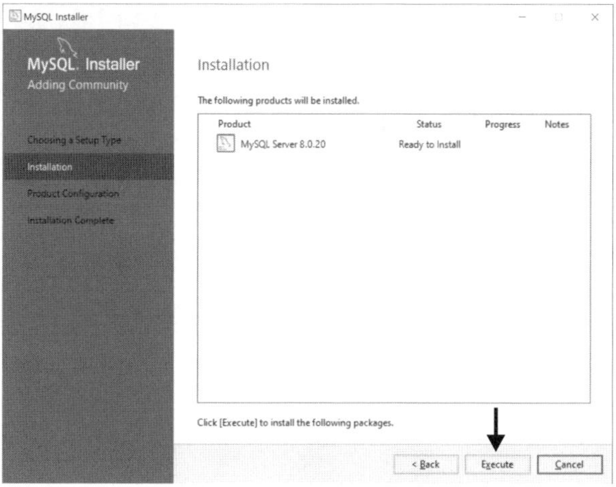


**図 A.7**

6）「Next>」ボタンをクリックする（**図 A.8**）。

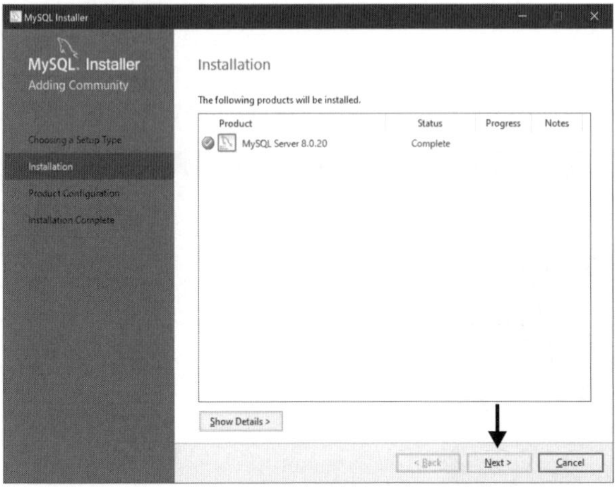


**図 A.8**

7）「Next>」ボタンをクリックする（**図 A.9**）。

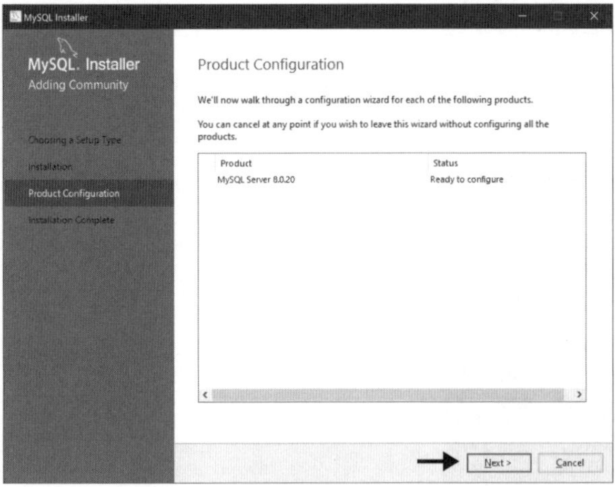


**図 A.9**

8）「Next>」ボタンをクリックする（**図 A.10**）。

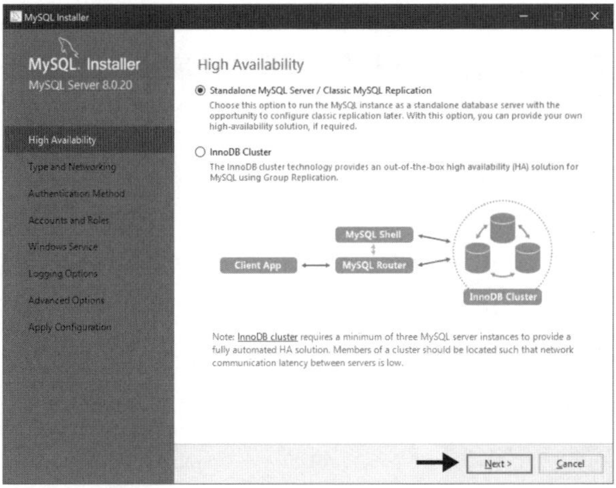


**図 A.10**

9）「Next>」ボタンをクリックする（**図 A.11**）。

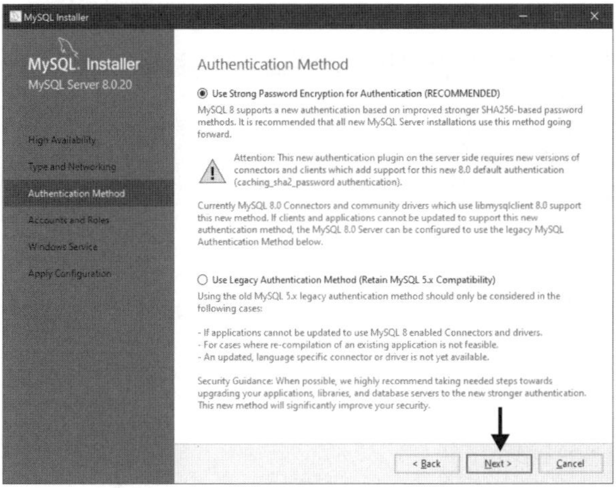


**図 A.11**

10) root のパスワード（本書では，rootmysql を用いる）を入力して，「Next>」ボタンをクリックする（**図 A.12**）。

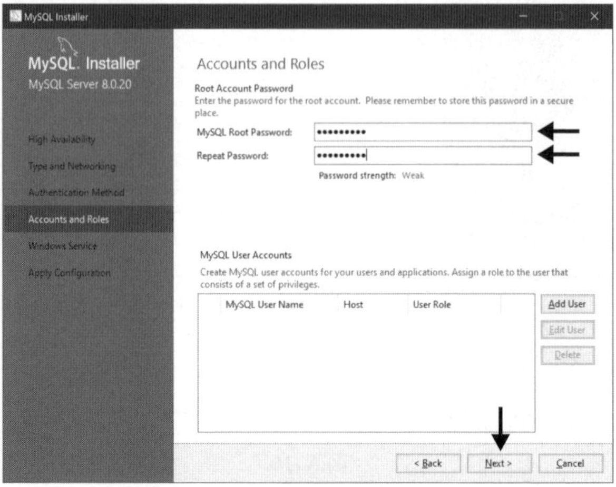


**図 A.12**

11) 「Next>」ボタンをクリックする（**図 A.13**）。

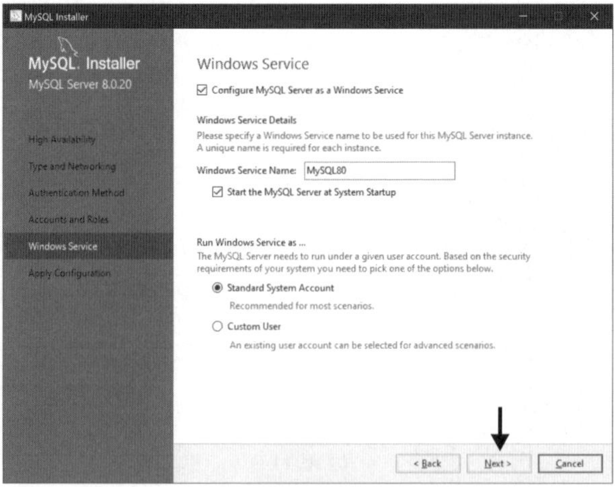


**図 A.13**

12) 「Execute」ボタンをクリックする（**図 A.14**）。

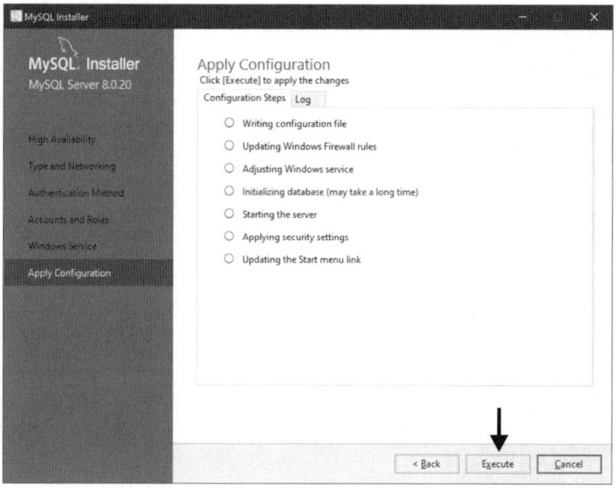


**図 A.14**

13)「Finish」ボタンをクリックする（**図 A.15**）。

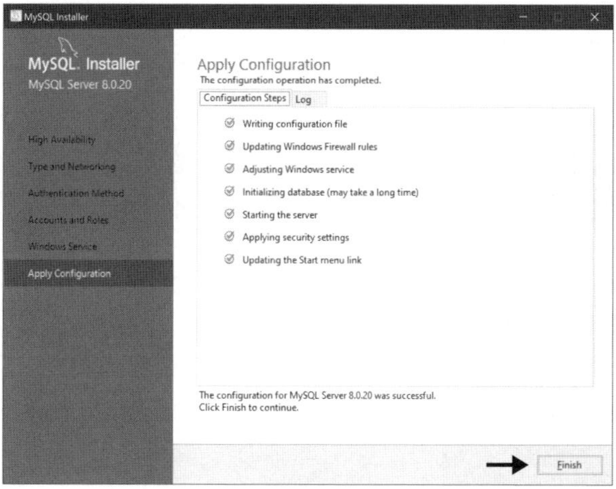


**図 A.15**

14)「Next」ボタンをクリックする（**図 A.16**）。

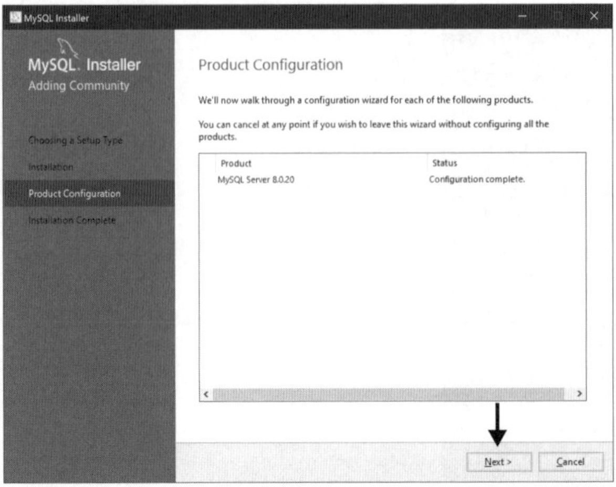


**図 A.16**

15)「Finish」ボタンをクリックする（**図 A.17**）。

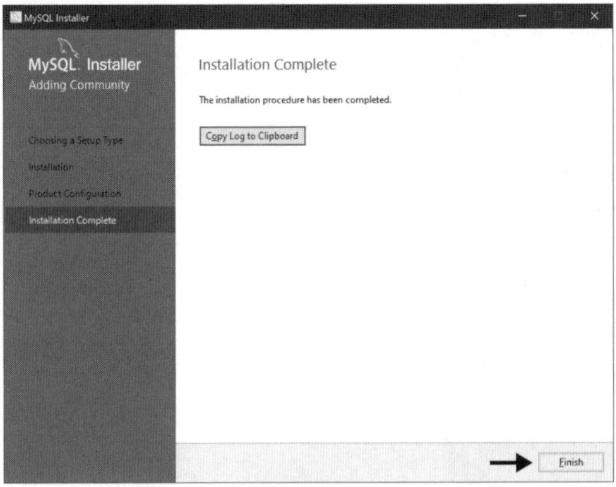


**図 A.17**

### 〔3〕 MySQL の場所を PATH に追加する

1）「スタート」ボタンから，「Windows システムツール」→「コントロールパネル」→「システム」→「システムの詳細設定」→「環境変数」の順に選んでいく。

2）ユーザー環境変数の中にある Path を選択して,「編集」ボタンをクリックする（**図 A.18**）。

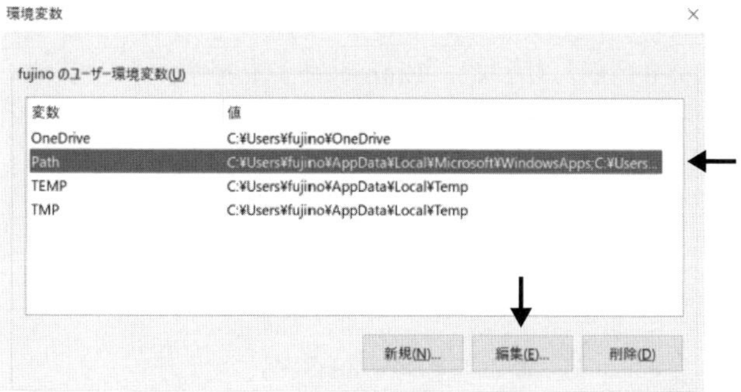


**図 A.18**

3）「新規」ボタンをクリックする。一番下に, MySQL のインストール先「C:¥Program Files¥MySQL¥MySQL Server 8.0¥bin」を入力して，「OK」ボタンをクリックする。つぎに，環境変数の画面でも，「OK」をクリックする（**図 A.19**）。

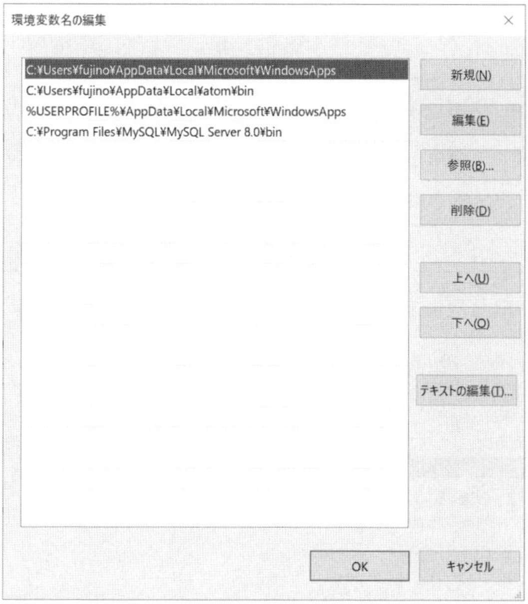


**図 A.19**

### 〔4〕 動作確認

1）「スタート」ボタンから，「Windows システムツール」→「コマンドプロンプト」の順に選んでいく。そして，コマンドプロンプトから「mysql -u root-p」を入力して，「Enter」キーを押す。そして root のパスワードを入力する（**図 A.20**）。

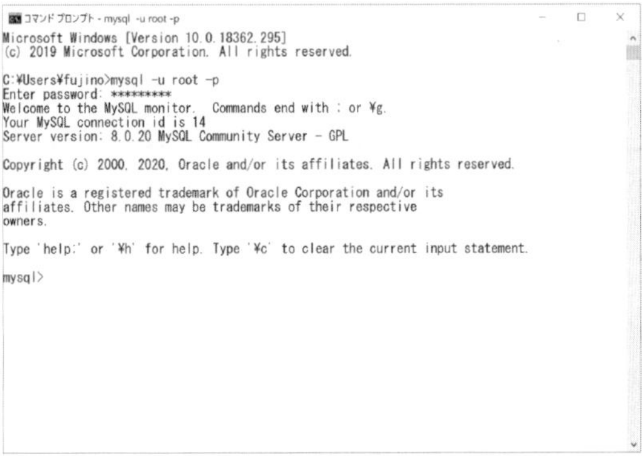


**図 A.20**

2）これで，MySQL が正常に起動できることが確認できた。そして，「exit」を入力すると，MySQL から退出できる。

### 〔5〕 Python の MySQL ライブラリを導入する

1）mysql-connector-python ライブラリをインストールするには，VSCode のターミナルで以下のように pip コマンドを実行する。

```
pip install mysql-connector-python
```

```
(base) C:¥Users¥fujino¥python3user¥Database>pip install mysql-
connector-python
Collecting mysql-connector-python
  Downloading https://files.pythonhosted.org/packages/57/f2/ffb117e
b61779808a55b3d29004746a553fb4786efe118b152dfc3f9ad73/mysql_
connector_python-8.0.20-cp37-cp37m-win_amd64.whl (4.3MB)
    100% |████████████████████████████████| 4.3MB 7.3MB/s
Requirement already satisfied: protobuf>=3.0.0 in
c:¥programdata¥anaconda3¥lib¥site-packages (from
mysql-connector-python) (3.10.0)
Requirement already satisfied: six>=1.9 in
c:¥programdata¥anaconda3¥lib¥site-packages (from
protobuf>=3.0.0->mysql-connector-python) (1.12.0)
```

```
Requirement already satisfied: setuptools in
c:¥programdata¥anaconda3¥lib¥site-packages (from
protobuf>=3.0.0->mysql-connector-python) (40.8.0)
Installing collected packages: mysql-connector-python
Successfully installed mysql-connector-python-8.0.20
```

2） インストール結果の確認。ターミナルにpip listを入力して，インストールされたライブラリを表示することができるので，以下のように，表示結果の中に，mysql-connector-python 8.0.20が確認できれば，インストールが成功にできた。

```
「一部省略」
more-itertools                     6.0.0
mpmath                             1.1.0
msgpack                            0.6.1
multipledispatch                   0.6.0
mysql-connector-python             8.0.20   ←
navigator-updater                  0.2.1
nbconvert                          5.4.1
nbformat                           4.4.0
neologdn                           0.4
networkx                           2.2
nltk                               3.4
nose                               1.3.7
notebook                           5.7.8
numba                              0.43.1
「一部省略」
```

## A.2 MongoDB関連ソフトウェアの導入

### 〔1〕 MongoDBのダウンロード

1） 以下のURLを指定して，MongoDBのダウンロードサイトにアクセスする。

URL：https://www.mongodb.com/download-center/community†

2） 「Download」をクリックする（**図A.21**）。その後，「名前を付けて保存」

† 2020年6月現在，このURLは，下記の新しいURLにリダイレクトされるようになり，Windows用のMongoDBバージョン4.2.8がダウンロードできるようになった。新しいURLは
https://www.mongodb.com/try/download/community

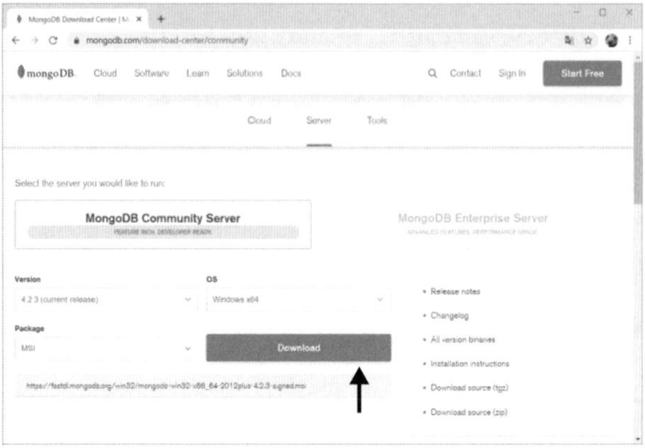


**図 A.21**

画面になる。保存先のフォルダは「ダウンロード」であることを確認して,「新しいフォルダー」をクリックして,「MongoDB」を作成する。そして,作成したフォルダ「MongoDB」をクリックして中に入る。

3）ファイル名をそのままにして,「保存」ボタンをクリックする（**図 A.22**）。

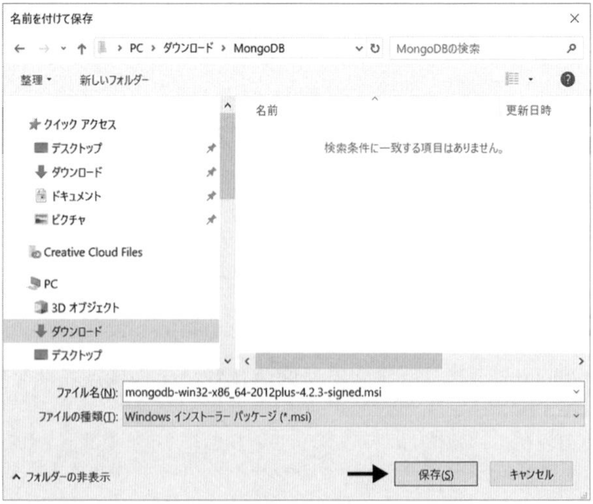


**図 A.22**

4） ダウンロード終了後に，「ダウンロード」の MongoDB フォルダを開いて，MongoDB の Windows インストーラ mongodb-win32-x86_64-2012plus-4.2.3-signed.msi があることを確認してください（**図 A.23**）。

**図 A.23**

### 〔2〕 MangoDB のインストール

1） MongoDB のインストーラファイルをダブルクリックする。

2） 「Next>」 ボタンをクリックする（**図 A.24**）。

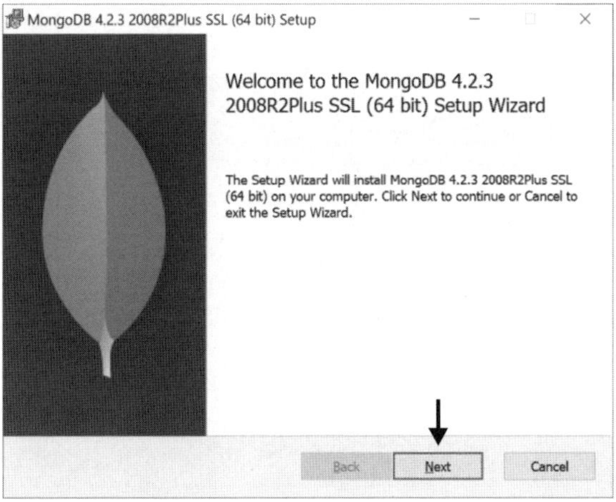


**図 A.24**

3）「Next>」ボタンをクリックする（**図 A.25**）。

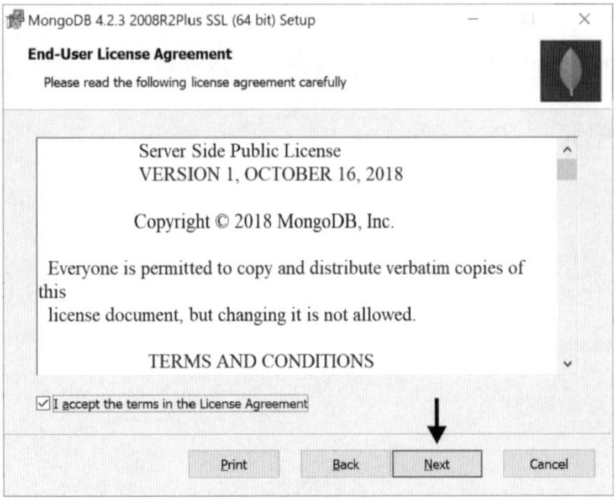


**図 A.25**

4）「Complete」を選んでから「Next>」ボタンをクリックする（**図 A.26**）。

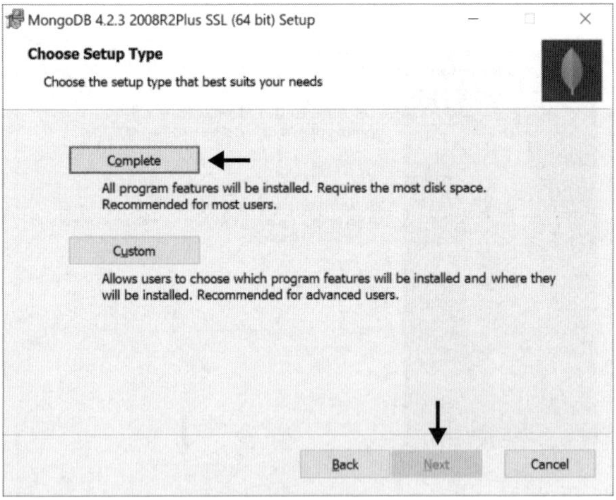


**図 A.26**

5）「Next>」ボタンをクリックする（**図 A.27**）。

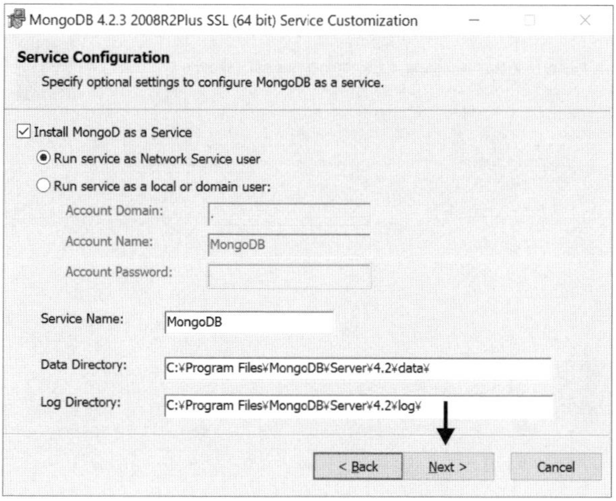


**図 A.27**

6）「Install MongoDB Compass」の ☑ を外して，「Next」ボタンをクリックする（**図 A.28**）。

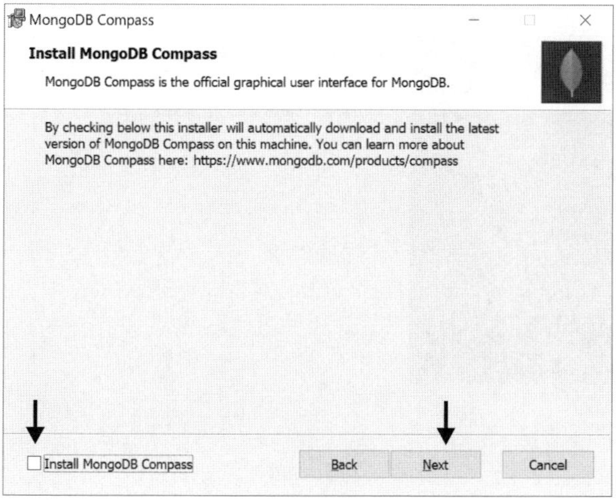


**図 A.28**

7）「Install」ボタンをクリックする（**図 A.29**）。

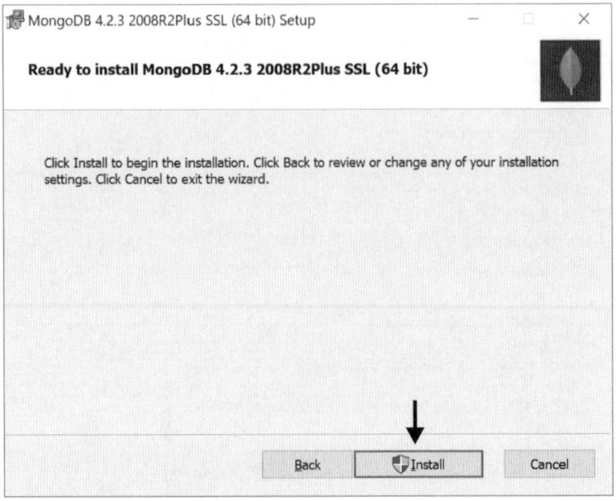


**図 A.29**

8）「Finish」ボタンをクリックする（**図 A.30**）。

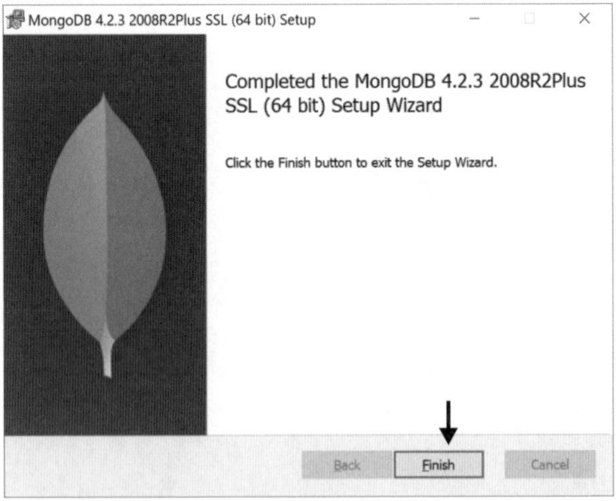


**図 A.30**

### 〔3〕 MongoDB の場所を PATH に追加する

1）「スタート」ボタンから,「Windows システムツール」→「コントロールパネル」→「システム」→の「システムの詳細設定」→「環境変数」の順に選んでいく。

2）ユーザー環境変数の中にある Path を選択して,「編集」ボタンをクリックする（**図 A.31**）。

**図 A.31**

3）「新規」ボタンをクリックする。一番下に，MongoDB のインストール先「C:¥Program Files¥MongoDB¥Server¥4.2¥bin」を入力して，「OK」ボタンをクリックする。つぎに，環境変数の画面でも，「OK」をクリックする（**図 A.32**）。

### 〔4〕 動作確認

1）「スタート」ボタンから,「Windows システムツール」→「コマンドプロンプト」の順に選んでいく。そして,「mongo」を入力して,「Enter」キーを押す（**図 A.33**）。

2）これで，Mongo シェルが正常に起動できることが確認できた。そして,「exit」を入力すると，Mongo シェルから退出できる。

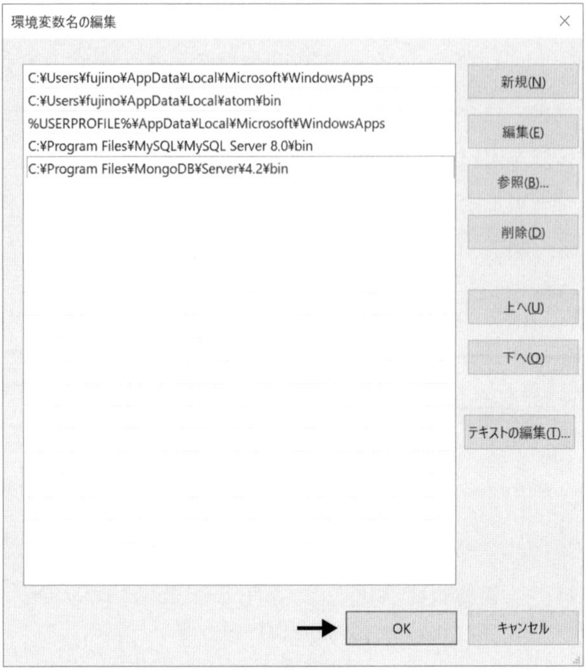


図 A.32

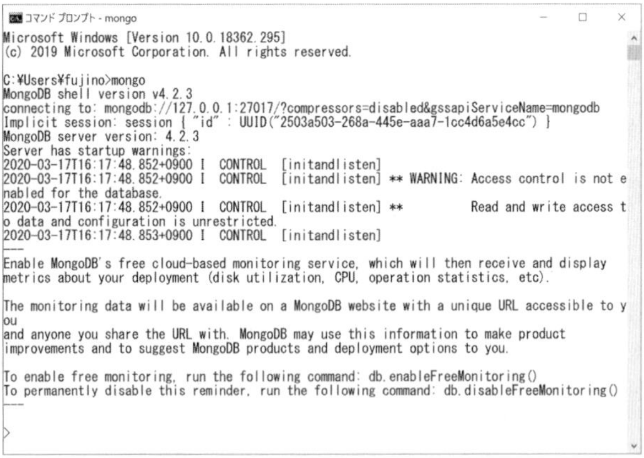


図 A.33

### 〔5〕 Python の MongoDB ライブラリを導入する

1） pymongo ライブラリをインストールするには，VSCode のターミナルで以下のように pip コマンドを実行する。

```
pip install pymongo
```

```
(base) C:¥Users¥fujino¥python3user¥MongoDB>pip install pymongo
Collecting pymongo
  Downloading
https://files.pythonhosted.org/packages/5b/df/d0f82279467c72dd0c
8cd1908e04a7fb56145a5d222704722e2593af79f1/pymongo-3.10.1-cp37-
cp37m-win_amd64.whl (354kB)
    100% |████████████████████████████████| 358kB 8.6MB/s
Installing collected packages: pymongo
Successfully installed pymongo-3.10.1
```

2）インストール結果の確認。ターミナルに pip list を入力し，インストールされたライブラリを表示させ，以下のように，表示結果の中に pymongo 3.10.1 があれば，インストールが成功できた。

```
「一部省略」
pycrypto                             2.6.1
pycurl                               7.43.0.2
pyflakes                             2.1.1
pyflightdata                         0.6
Pygments                             2.3.1
pylint                               2.3.1
pymongo                              3.10.1
pyodbc                               4.0.26
pyOpenSSL                            19.0.0
pyparsing                            2.3.1
pyreadline                           2.1
pyrsistent                           0.14.11
「一部省略」
```

## A.3　CouchDB 関連ソフトウェアの導入

### 〔1〕CouchDB のダウンロード

1）以下の URL を指定して，CouchDB のダウンロードサイトにアクセスする。

https://couchdb.apache.org/#download

2） CouchDB 2.3.1 の Windows (x64) をクリックする（**図 A.34**）。その後，「名前を付けて保存」画面になる（**図 A.35**）。保存先のフォルダは「ダウンロード」であることを確認して，「新しいフォルダー」をクリックして，「CouchDB」を作成する。そして，作成したフォルダ「CouchDB」をクリックして，中に入る。

**図 A.34**

**図 A.35**

3） ファイル名をそのままにして，「保存」ボタンをクリックする。ダウンロード終了後に，「ダウンロード」の CouchDB フォルダを開いて，CouchDB の Windows インストーラ apache-couchdb-2.3.1.msi があることを確認してください（**図 A.36**）。

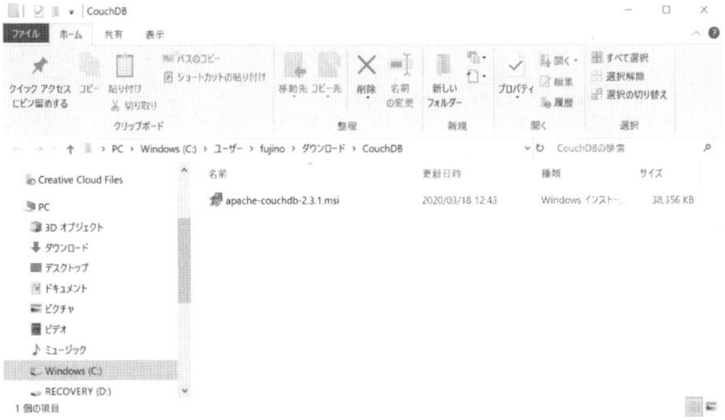


**図 A.36**

## 〔2〕 CouchDB のインストール

1） CouchDB のインストーラファイルをダブルクリックする。

2）「Next」をクリックする（**図 A.37**）。

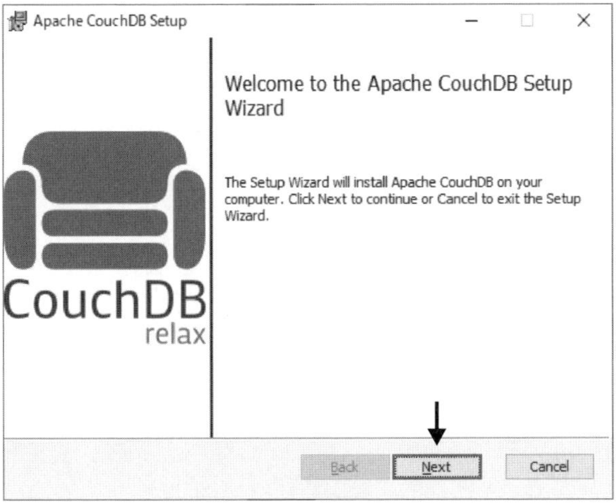


**図 A.37**

3）「Next」をクリックする（**図 A.38**）。

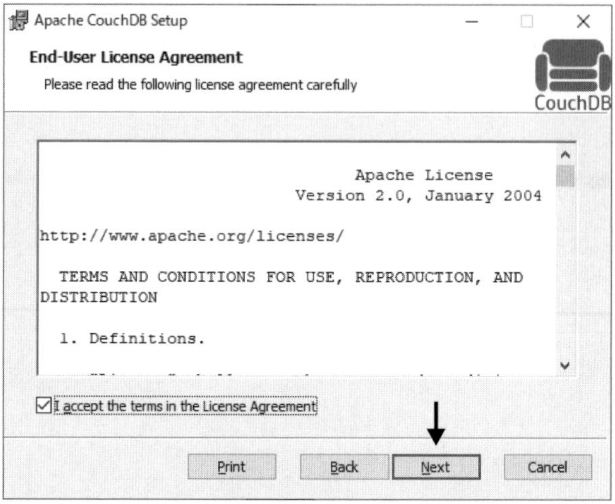


**図 A.38**

4）「Next」をクリックする（**図 A.39**）。

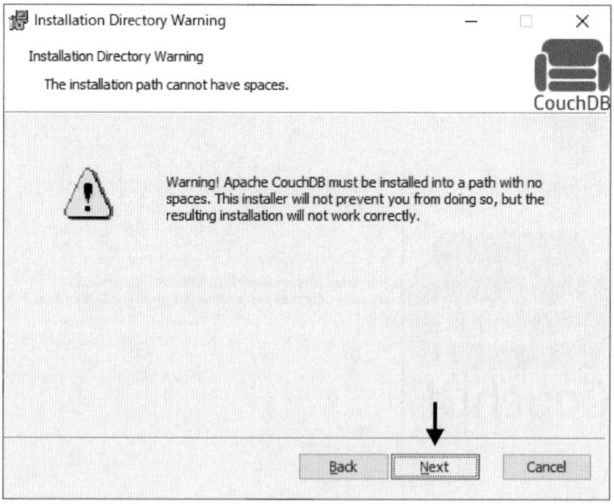


**図 A.39**

5） C:¥CouchDB を入力して，「Next」をクリックする（**図 A.40**）。

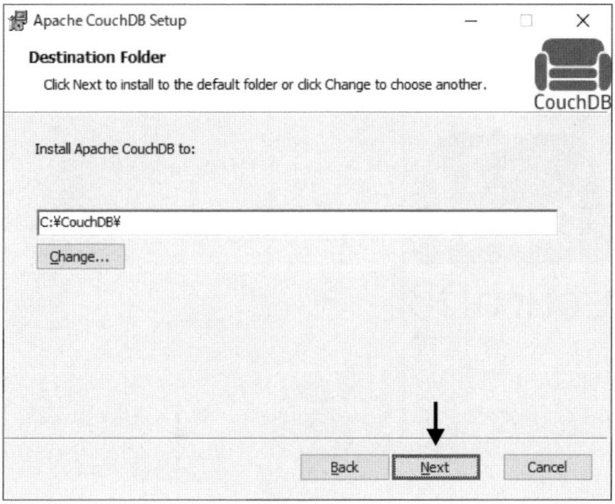


**図 A.40**

6） 「Install」をクリックする（**図 A.41**）。

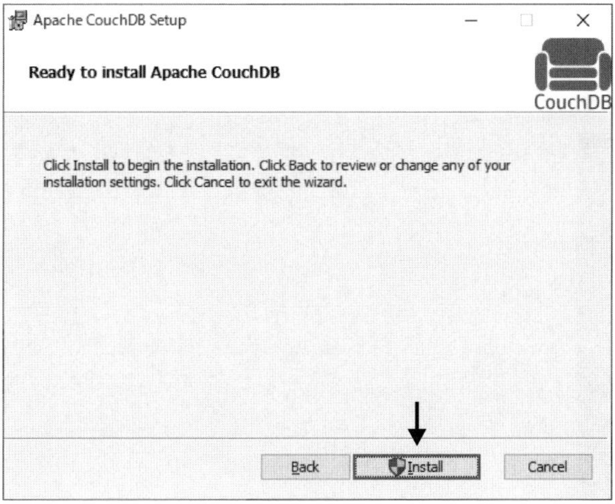


**図 A.41**

7）「Finish」をクリックする（**図 A.42**）。

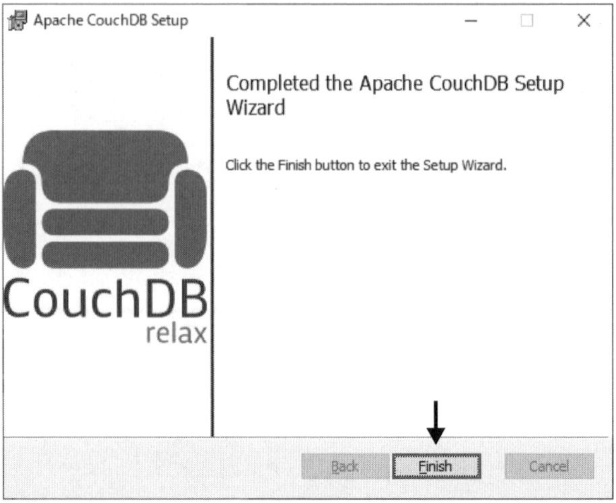


**図 A.42**

8）動作確認。Web ブラウザを起動して，http://localhost:5984/_utils にアクセスする。以下のように表示されたら，CouchDB は正常に動作している（**図 A.43**）。

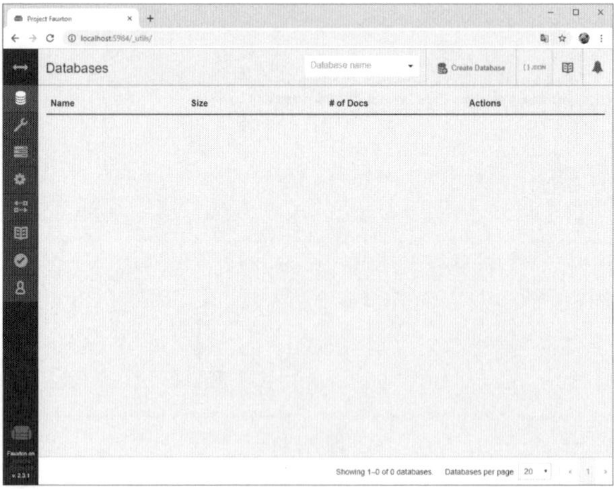


**図 A.43**

### 〔3〕 Python の CouchDB ライブラリを導入する

1） couchdb-python ライブラリをインストールするには，VSCode のターミナルで以下のように pip コマンドを実行する。

```
pip install CouchDB
```

```
(base) C:¥Users¥fujino¥python3user¥TwitterToCouchdb>pip install
CouchDB
Collecting CouchDB
  Using cached
https://files.pythonhosted.org/packages/ff/35/6660f7526c5d509b13264b276
42de73754bd3d0addf56b175601c8b951e1/CouchDB-1.2-py2.py3-none-any.whl
Installing collected packages: CouchDB
Successfully installed CouchDB-1.2
```

2） インストール結果の確認。ターミナルに pip list を入力して，インストールされたライブラリを表示することができるので，以下のように，表示結果の中に，CouchDB 1.2 が確認できれば，インストールが成功にできた。

```
「一部省略」
conda                              4.6.11
conda-build                        3.17.8
conda-verify                       3.1.1
contextlib2                        0.5.5
CouchDB                            1.2      ←
cryptography                       2.6.1
cycler                             0.10.0
Cython                             0.29.6
cytoolz                            0.9.0.1
dask                               1.1.4
decorator                          4.4.0
「一部省略」
```

# 参　考　文　献


1）　川越恭二：楽しく学べるデータベース，昭晃堂（2007）

2）　上島紳一，上田真由美：データベース－活用のための基本知識－，昭晃堂（2009）

3）　山田祥寛：MySQL で学ぶデータベース超入門，翔泳社（2009）

4）　山本森樹：体系的に学ぶデータベースの仕組み，第 2 版，日経 BP ソフトプレス，(2009)

5）　永田　武：データベースの基礎，コロナ社（2011）

6）　佐々木達也：NoSQL データベースファストガイド，秀和システム（2011）

7）　Eric Redmond（著），角　征典（訳）：7 つのデータベース 7 つの世界，オーム社（2013）

8）　白鳥則郎（監修）：データベース－ビッグデータ時代の基礎－，共立出版（2014）

9）　渡部徹太郎（監修）：RDB 技術者のための NoSQL データベース，秀和システム(2016)

10）　小笠原徳彦：はじめての MongoDB，工学社（2016）

11）　増永良文：リレーショナルデータベース入門－データモデル・SQL・管理システム・NoSQL－，第 3 版，サイエンス社（2017）

12）　辻　靖彦，芝崎順司：データベース，放送大学教育振興会（2017）

13）　小笠原種高：なぜ？がわかるデータベース，翔泳社（2018）

14）　吉川正俊：データベースの基礎，オーム社（2019）

15）　藤野　巌：Python によるデータマイニングと機械学習，オーム社（2019）

# 索　　引

## ——著者略歴——

1991 年　東海大学大学院工学研究科博士課程修了
　　　　博士（工学）
1994 年　東海大学短期大学部講師
2001 年　東海大学短期大学部助教授
2004 年　イギリス・サウサンプトン大学客員教授
～05 年
2007 年　東海大学短期大学部教授
2008 年　東海大学情報通信学部教授
　　　　現在に至る
2016 年　フランス海軍アカデミー招聘研究員
～17 年

**実践 Python によるデータベース入門**
**—MySQL, MongoDB, CouchDB の基本操作からアプリプログラミングまで—**
Perfect Practice　An Introduction to Database with Python
—MySQL, MongoDB and CouchDB from Basic Operation to Application Programming—


2020 年 8 月 28 日　初版第 1 刷発行　★
2021 年 11 月 15 日　初版第 2 刷発行

検印省略

著　　者　藤《ふじ》　野《の》　巖《いわお》
発 行 者　株式会社　コロナ社
　　　　　代 表 者　牛来真也
印 刷 所　壮光舎印刷株式会社
製 本 所　株式会社　グリーン

112-0011　東京都文京区千石 4-46-10
**発 行 所**　株式会社　**コ ロ ナ 社**
CORONA PUBLISHING CO., LTD.
Tokyo Japan
振替00140-8-14844・電話(03)3941-3131(代)
ホームページ　https://www.coronasha.co.jp

ISBN 978-4-339-02912-3　C3055　Printed in Japan　（松岡）